国网技术学院培训系列教材

电能计量装置接线检查与电能表现场检验

宋文军　主　编

U0260701

中国电力出版社
CHINA ELECTRIC POWER PRESS

内 容 提 要

为提高培训质量，国网技术学院依据国家电网公司制订的培训方案，结合自身实训设施和培训特点，编写完成了《国网技术学院培训系列教材》。

本书为《国网技术学院培训系列教材 电能计量装置接线检查与电能表现场检验》分册，共分两个项目，主要内容包括：电能计量装置接线检查，电能表现场检验。

本书可作为电能计量相关专业的培训教学用书，也可作为各电力培训中心及电力职业院校电能计量相关专业的教学参考书。

图书在版编目（CIP）数据

电能计量装置接线检查与电能表现场检验 / 宋文军主编. —北京：中国电力出版社，2013.5（2024.8 重印）
国网技术学院培训系列教材
ISBN 978-7-5123-4277-4

Ⅰ. ①电… Ⅱ. ①宋… Ⅲ. ①电能－电量测量－导线连接－职业培训－教材 ②电度表－检验－职业培训－教材
Ⅳ. ①TM933.4

中国版本图书馆 CIP 数据核字（2013）第 066073 号

中国电力出版社出版、发行
（北京市东城区北京站西街 19 号　100005　http://www.cepp.sgcc.com.cn）
北京天泽润科贸有限公司印刷
各地新华书店经售

＊

2013 年 5 月第一版　　2024 年 8 月北京第八次印刷
710 毫米×980 毫米　16 开本　9 印张　115 千字
印数 11031—11530 册　　定价 27.00 元

国家电网公司
STATE GRID
CORPORATION OF CHINA

前　言

　　为贯彻落实国家电网公司"人才强企"战略，积极服务公司"三集五大"体系建设和智能电网发展对技能人才的需求，打造高素质的技术、技能人才队伍，提升企业素质、队伍素质，增强培训的针对性和时效性，创新国内一流、国际先进的示范性培训专业和标杆性培训项目，国网技术学院组织院内专职培训师、兼职培训师及国家电网公司系统内专业领军人才、生产技术和技能专家，结合国网技术学院实训设施和高技术、高技能员工培训特点，坚持面向现场主流技术、技能发展趋势的原则，编写了《国网技术学院培训系列教材》。

　　《国网技术学院培训系列教材》以培养职业能力为出发点，注重从工作领域向学习领域的转换，注重情境教学模式，把"教、学、做"融为一体，适应成年人学习特点，以达到拓展思路、传授方法和固定习惯的目的。

　　《国网技术学院培训系列教材》开发坚持系统、精炼、实用、配套的原则，整体规划，统一协调，分步实施。教材编写针对岗位特点，分析岗位知识、技术、技能需求，强化技术培训、结合技能实训、体现情景教学、覆盖业务范围、适当延伸视野，向受训学员提供全面的岗位成长所需要的素质、技术、技能和管理知识。编写过程中，广泛调研和比较分析现有教材，充分吸取其他培训单位在探索培养高素质的技术技能人才和教材建设方面取得的成功经验，依托行业优势，校企合作，与行业企业共同开发完成。

《国网技术学院培训系列教材》在经过审稿和试用后，已具备出版条件，将陆续由中国电力出版社出版。

　　本书为《国网技术学院培训系列教材　电能计量装置接线检查与电能表现场检验》分册。全书分为两个项目：项目一由安徽省电力公司培训中心张银奎、梅喜雪，国网技术学院刘海客，福建省电力有限公司福州电业局唐凌佳，江西省电力公司萍乡供电公司林南宇，山西省电力公司运城供电公司王烨，河南省电力公司技术技能培训中心赵彩霞，山东电力集团公司聊城供电公司吴丽静编写。项目二由国网技术学院宋文军、荆辉，陕西省电力公司宝鸡供电公司康功良，辽宁省电力有限公司营口供电局施贵军，河南省电力公司焦作供电公司孟凡利，山东电力集团公司东营供电公司宫志寰，山东电力集团公司日照供电公司邢成岗、李思同编写。全书由国网技术学院宋文军担任主编，陕西省电力公司培训中心杜文学主审、上海市电力公司黄俐萍参审。

　　由于编者自身认识水平和编写时间的局限性，本系列教材难免存在疏漏之处，恳请各位专家及读者不吝赐教，帮助我们不断提高培训水平。

编　者

2012 年 11 月

目 录

电能计量装置接线检查

【项目描述】

本项目以实际工作为导向，结合基础理论知识，按照操作技能和职业素养训练为一体的思路而进行设计。通过完成规定任务的实训，使学员全面掌握电能计量装置接线检查理论知识和操作技能，从而具备工作岗位所需的相关知识和技能。

【教学目标】

知识目标：

1. 了解电能计量装置停电检查、带电检查的方法和步骤。

2. 理解电能表的正确接线方式，掌握各种错误接线的电参数特征，为错误接线分析打好基础。

3. 掌握电流互感器极性反接、公共线断开，电压互感器一次断线、二次断线、极性反接时，电能表错误接线的分析方法。

4. 掌握相位伏安表测量表尾电参数的步骤及方法、错误接线相量图和电路图绘制方法、错误接线结论判定及接线更正、更正系数与退补电量计算方法等基础理论知识。

能力目标：

1. 了解电能计量装置接线检查基础知识。

2. 理解电能计量装置的正确接线方式以及错误接线带来的后果。

3. 掌握互感器各种错误接线时的测试方法和电能表错误接线的分析方法。

4. 学会常用仪器、仪表的使用方法，掌握相量图法分析三相三线和三相四线电能表各种错误接线的步骤及方法。

【教学环境】

具备电能计量接线仿真装置、相位伏安表、相序表、万用表、验电笔等实训器材。实训室的供电电源应可靠、稳定，具备良好的保护功能，符合电能计量仿真装置安装使用的要求。各仿真装置之间保持一定的安全距离，操作区配备绝缘垫。

任务一　电能计量装置接线方式基础知识介绍

【教学目标】

要求学员全面了解各种电能表的正确接线方式。

【任务描述】

本任务主要讲解各种电能表的正确接线方式，为以后错误接线检查仿真实训提供理论依据。

【任务实施】

通过讲解电能表的工作原理，引导学员全面学习各种电能表的正确接线方式。

【相关知识】

通常把电能表、与电能表配合使用的互感器以及互感器到电能表之间的二次回路连接线，称为电能计量装置。最简单的电能计量装置就是由一只电能表构成，因此电能表是计量装置的核心，本任务的重点就是了解各种电能表的正确接线方式。

一、直接接入式

1. 单相有功电能表直接接入

单相电路有功电能表的测量可采取单相有功电能表直接接入方式。国产直接接入式电能表应按"单进双出"方法接线，即单数接线柱（1、3 进）接电源，偶数接线柱（2、4 出）接负载，第一接线柱接相线（火线），第三接线柱接零线。此种接线方法称为"一进一出"接线法，是指表尾的两个接线之内，分别有一个进线和一个出线。单相有功电能表正确接线图如图 1-1 所示。

直接接入式单相电能表的电流线圈应该串接在相线上，若将其反接（串接在零线上，如图 1-2 所示），电能表虽然仍是正转，但是一旦在相线与地之间接有负载，该负载中的电流不流经电能表的电流线圈，就会产生漏计量。

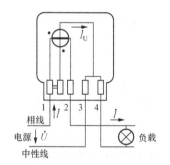 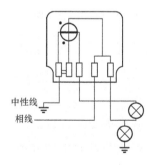

图 1-1 单相有功电能表正确接线图   图 1-2 单相有功电能表电流线圈反接接线图

测量单相电路有功电能的测量如图 1-3 所示。单相有功电能表的电流线圈必须与电源相线串联，电压线圈应跨接在电源端的相线与零线之间，当负载电流和流经电压线圈的电流都由标有同名端标志的一端流入相应的线圈时，电能表才能正确计量。

按图 1-3 所示接线，电能表测得的有功功率为

$$P = UI\cos\varphi$$

若单相有功电能表有一个线圈极性接反，例如电流线圈，如图 1-4（a）所示，则流入电能表电流线圈中的电流方向与图 1-3 中相反，故产生的电能计量结果也相反，如图 1-4（b）所示。

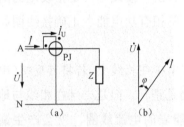

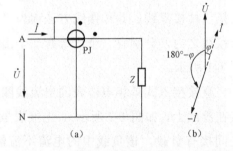

图 1-3　单相有功电能表有功　　　　图 1-4　单相有功电能表电流线圈反接时
　　　　电能的测量　　　　　　　　　　　　　有功电能的测量
（a）原理接线图；（b）相量图　　　　（a）原理接线图；（b）相量图

在这种情况下，电能表的有功功率为

$$P = UI\cos(180° - \varphi)$$
$$= -UI\cos\varphi$$

其结果会导致电能表反转。

上述结论是针对感应式电能表而言的。对于电子式电能表，多数情况是两条进出线接反时，计数器仍能正确计数。

2. 三相四线有功电能表直接接入

三相四线电路可看作是由 3 个单相电路构成的。因此，可用 1 只三相四线有功电能表（即 3 个驱动元件）或 3 只相同规格的单相电能表来测量

三相四线电路的有功电能，其原理接线图如图 1-5 所示，正确接线图如图 1-6 所示。这种接线方式不管三相电压是否对称，电流是否平衡，都不会由于电能表接线方式不同而引起线路附加误差。按图 1-5 接线，消耗的有功电能等于三只单相电能表读数的代数和，三相四线有功电能表相量图如图 1-7 所示。其有功功率表达式为

$$P = U_a I_a \cos\varphi_a + U_b I_b \cos\varphi_b + U_c I_c \cos\varphi_c$$

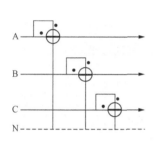
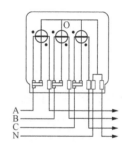

图 1-5　三相四线有功电能表原理接线图　　图 1-6　三相四线有功电能表正确接线图

3. 三相三线有功电能表直接接入

三相三线有功电能表通常应用于高压计量用户，其正确接线图如图 1-8 所示，相量图如图 1-9 所示。

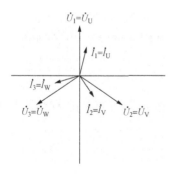
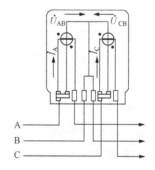

图 1-7　三相四线有功电能表有功
电能测量相量图

图 1-8　三相三线有功电能表
正确接线图

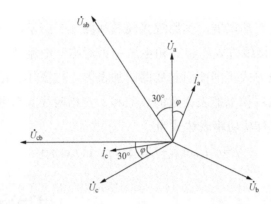

图 1-9　三相三线有功电能表有功电能测量相量图

三相三线电路的有功功率表达式为

$$P = U_{ab}I_a \cos(\dot{U}_{ab}\widehat{}\,\dot{I}_a) + U_{cb}I_c \cos(\dot{U}_{cb}\widehat{}\,\dot{I}_c)$$

式中的 $(\dot{U}_{ab}\widehat{}\,\dot{I}_a)$、$(\dot{U}_{cb}\widehat{}\,\dot{I}_c)$ 分别为第一元件、第二元件上所加的电压 $\dot{U}_{ab}$、$\dot{U}_{cb}$，与对应元件上所加的电流 $\dot{I}_a$、$\dot{I}_c$ 之间的夹角。

在三相对称情况下，$U_{ab}=U_{cb}=U$，$I_a=I_c=I$，$(\dot{U}_{ab}, \dot{I}_a)$ 夹角为 $30°+\varphi$，$(\dot{U}_{cb}, \dot{I}_c)$ 夹角为 $30°-\varphi$，则上式可简化为

$$\begin{aligned}
P &= U_{ab}I_a \cos(\dot{U}_{ab}\widehat{}\,\dot{I}_a) + U_{cb}I_c \cos(\dot{U}_{cb}\widehat{}\,\dot{I}_c) \\
&= UI\cos(30° + \varphi) + UI\cos(30° - \varphi) \\
&= UI[(\cos30°\cos\varphi - \sin30°\sin\varphi) + (\cos30°\cos\varphi + \sin30°\sin\varphi)] \\
&= 2UI\cos30°\cos\varphi \\
&= \sqrt{3}UI\cos\varphi
\end{aligned}$$

注意：这里的电压 U 是指线电压，而单相表中的电压 U 是指相电压。

二、经 TA 接入式

1. 单相有功电能表经 TA 接入

单相有功电能表经 TA 接入原理接线图如图 1-10 所示。

电能表测得的有功功率 $P_2 = UI_2 \cos\varphi$。一次侧实际的有功功率

$P_1 = K_I\,UI_2\cos\varphi$（其中 K_I 指电流互感器的变比）。

2. 三相四线有功电能表经 TA 接入

三相四线有功电能表经 TA 接入原理接线图如图 1-11 所示。在三相电路对称情况下，电能表测得的有功功率 $P_2 = 3U_2I_2\cos\varphi_2$。一次侧实际的功率 $P_1 = K_I\cdot 3U_2I_2\cos\varphi_2$（其中 K_I 指电流互感器的变比）。

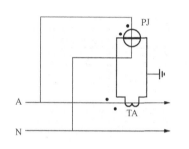

图 1-10 单相有功电能表经 TA
接入原理接线图

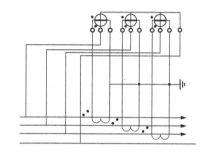

图 1-11 三相四线有功电能表经 TA
接入原理接线图

三、经 TA、TV 接入式

1. 三相三线有功电能表经 TA、TV 接入

三相三线有功电能表经 TA、TV 接入原理接线图如图 1-12 所示。在三

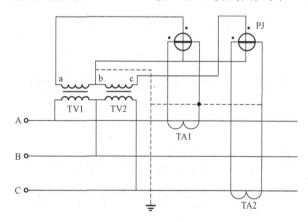

图 1-12 三相三线有功电能表经 TA、TV 接入原理接线图

相电路对称情况下，电能表测得的有功功率 $P_2 = \sqrt{3} U_2 I_2 \cos \varphi_2$。一次侧实际的功率 $P_1 = K_U K_I \cdot \sqrt{3} U_2 I_2 \cos \varphi_2$（其中 K_U 指电压互感器的变比）。

2. 三相四线有功电能表经 TA、TV 接入

三相四线有功电能表经 TA、TV 接入原理接线图如图 1-13 所示。在三相电路对称情况下，电能表测得的有功功率 $P_2 = 3U_2 I_2 \cos \varphi_2$。一次侧功率 $P_1 = K_U K_I \cdot 3U_2 I_2 \cos \varphi_2$。

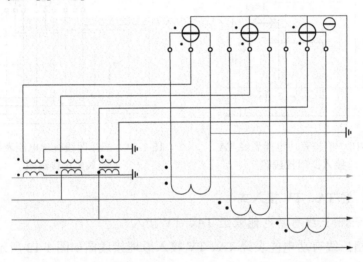

图 1-13   三相四线有功电能表经 TA、TV 接入原理接线图

任务二   TA、TV 错误接线情况分析

【教学目标】

要求学员理解 TA、TV 错误接线的原理，掌握 TA、TV 发生错误接线时的原理图、相量图以及等值电路图，并对各种错误接线分析方法有全面的了解。

【任务描述】

本任务主要讲解 TA、TV 错误接线的类型和各种错误接线的分析方法，为发现 TA、TV 错误接线提供理论依据。

【任务实施】

通过讲解 TA、TV 接线的基础知识，引导学员对常见的 TA、TV 错误接线进行思考和认识。

【相关知识】

感应式电能表，电子式电能表，TA、TV 错误接线情况分析。

一、感应式电能表

1. TA 错误接线的情况分析

（1）TA 绕组极性反接。

1）TA 为两相星形（V 形）接线，二次 a 相绕组极性接反时。在图 1-14 所示的三相三线电路中，根据基尔霍夫电流定律，得到 $i_a + i_b + i_c = 0$，此时 a 相的电流为 $-i_a$，所以 $-i_b = -i_a + i_c$，当三相负载对称时，则 $I_b = \sqrt{3}I_a$，b 相线电流值增大了 $\sqrt{3}$ 倍。

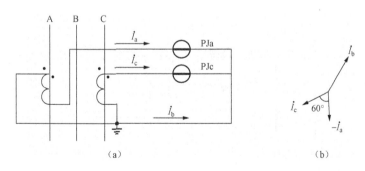

（a）   （b）

图 1-14 a 相绕组极性接反时的原理接线图和相量图

（a）原理接线图；（b）相量图

TA 采用 V 形接线时，任何一台互感器绕组的极性接反，则公共线上 b 相电流都要增大 $\sqrt{3}$ 倍。

2）TA 为三相星形（Y 形）接线，二次 a 相绕组极性接反时。在图 1-15 所示的三相三线电路中，得到 $\dot{I}_a + \dot{I}_b + \dot{I}_c = -\dot{I}_n$。此时的 a 相电流为 $-\dot{I}_a$，因为 $\dot{I}_b + \dot{I}_c = -\dot{I}_a$，所以 $\dot{I}_n = 2\dot{I}_a$。

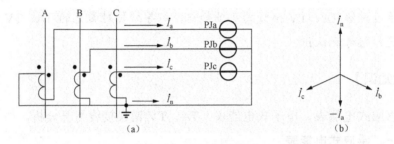

图 1-15　a 相绕组极性接反时

（a）原理接线图；（b）相量图

TA 采用 Y 形接线时，任何一台互感器绕组的极性接反，则公共接线上的电流为每相电流值的 2 倍。

（2）TA 公共线断开。

1）TA 为 V 形接线，公共线断开时的原理接线图和等值电路图如图 1-16 所示。

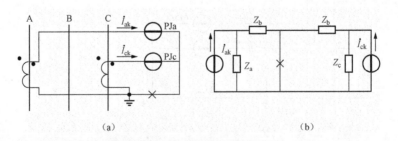

图 1-16　V 形接线公共线断开时的原理接线图和等值电路图

（a）原理接线图；（b）等值电路图

根据电流源和电压源的等值变换原理，将 $\dot{I}_a$、$\dot{I}_c$ 等值变换为电压源。设三相电路对称，等效电压源的电动势 $\dot{E}_a = \dot{I}_a Z_0$，$\dot{E}_c = \dot{I}_c Z_0$，忽略 Z_b，可以得到如图 1-17 所示的等值电路图和相量图。

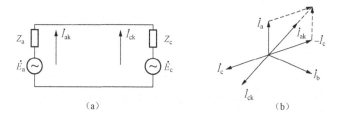

图 1-17 简化等值电路图和相量图

（a）等值电路图；（b）相量图

根据叠加原理，求出

$$\dot{I}_{ak} = \frac{\dot{E}_a}{2Z_0} - \frac{\dot{E}_c}{2Z_0} = \frac{1}{2}\left(\frac{\dot{E}_a}{Z_0} - \frac{\dot{E}_c}{Z_0}\right) = \frac{1}{2}(\dot{I}_a - \dot{I}_c) = \frac{\sqrt{3}}{2}\dot{I}_a e^{-j30°}$$

同理得到

$$\dot{I}_{ck} = \frac{\dot{E}_c}{2Z_0} - \frac{\dot{E}_a}{2Z_0} = \frac{1}{2}(\dot{I}_c - \dot{I}_a) = \frac{\sqrt{3}}{2}\dot{I}_c e^{j30°}$$

可以看出 TA 采用 V 形连接，当公共线断开时，流过电能表电流线圈的电流比原值减小了 0.866 倍，且相位也发生了改变。

2）TA 为 Y 形接线，公共线断开时的原理接线图和等值电路图如图 1-18 所示。

根据节点电位法求出

$$\dot{U}_{FE} = \frac{\dfrac{\dot{E}_a}{Z_0} + \dfrac{\dot{E}_b}{Z_0} + \dfrac{\dot{E}_c}{Z_0}}{\dfrac{1}{Z_0} + \dfrac{1}{Z_0} + \dfrac{1}{Z_0}} = \frac{1}{3}(\dot{E}_a + \dot{E}_b + \dot{E}_c) = \frac{1}{3}Z_0(\dot{I}_a + \dot{I}_b + \dot{I}_c)$$

公共线未断开前，得到

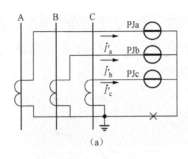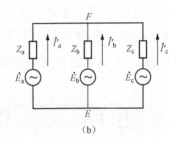

(a)   (b)

图 1-18　Y 形接线公共线断开时的原理接线图和等值电路图

（a）原理接线图；（b）等值电路图

$$\dot{E}_a = \dot{I}_a Z_0, \quad \dot{E}_b = \dot{I}_b Z_0, \quad \dot{E}_c = \dot{I}_c Z_0$$

公共线断开后，各相的故障电流为 $\dot{I}'_a$、$\dot{I}'_b$、$\dot{I}'_c$。从等值电路图中得到

$$\dot{E} - \dot{I}'_a Z_0 = \dot{U}_{FE} = \frac{1}{3}Z_0(\dot{I}_a + \dot{I}_b + \dot{I}_c)$$

所以

$$\dot{I}'_a = \frac{\dot{E}_a}{Z_0} - \frac{1}{3}(\dot{I}_a + \dot{I}_b + \dot{I}_c) = \dot{I}_a - \frac{1}{3}(\dot{I}_a + \dot{I}_b + \dot{I}_c)$$

$$\dot{I}'_b = \frac{\dot{E}_b}{Z_0} - \frac{1}{3}(\dot{I}_a + \dot{I}_b + \dot{I}_c) = \dot{I}_b - \frac{1}{3}(\dot{I}_a + \dot{I}_b + \dot{I}_c)$$

$$\dot{I}'_c = \frac{\dot{E}_c}{Z_0} - \frac{1}{3}(\dot{I}_a + \dot{I}_b + \dot{I}_c) = \dot{I}_c - \frac{1}{3}(\dot{I}_a + \dot{I}_b + \dot{I}_c)$$

上式表明：公共线开路时，三相电流均较原值有所减小，减小量为三相不平衡电流。

2. TV 错误接线的情况分析

（1）TV 一次断线。正常情况下，TV 二次线电压为 100V，即 $U_{ab}=U_{bc}=U_{ca}=100V$。如果线路出现故障，则二次线电压将发生变化。

1）TV 为 Vv 接线，一次 A 相断线。

如图 1-19 所示，由于 A 相断线，故二次对应绕组无感应电动势，所以 $U_{ab}=0$，$U_{ca}=U_{bc}=100V$。同理，可推出 C 相断线时，$U_{ab}=U_{ca}=100V$，$U_{bc}=0$。

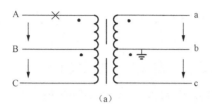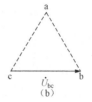

（a）　　　　　　　　　　　（b）

图 1-19　TV 为 Vv 接线，一次 A 相断线示意图

（a）原理接线图；（b）二次相量图

2）TV 为 Vv 接线，一次 B 相断线。如图 1-20 所示，B 相断线，对两个互感器来说，如同是单相串联，外加电压只有 U_{ca}，此时一、二次的电压比仍然是 K_U。

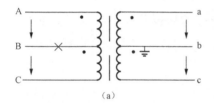

（a）　　　　　　　　　　　（b）

图 1-20　TV 为 Vv 接线，一次 B 相断线示意图

（a）原理接线图；（b）二次相量图

所以 U_{ca}=100V，$U_{ab}=U_{cb}=U_{ca}/2$=50V。

3）TV 为 Yy 接线，一次 A 相（或 B 相、C 相）断线。如图 1-21 所示，A 相断线后，A 相绕组无感应电动势，故 U_{ao}=0。

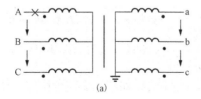

（a）　　　　　　　　　　　（b）

图 1-21　TV 为 Yy 接线，一次 A 相断线示意图

（a）原理接线图；（b）二次相量图

所以 $U_{ab}=U_{ca}=U_p$（相电压）=57.7V，而 U_{bc}（与断相无关的线电压）仍然为 100V。

（2）TV 二次断线。当 TV 二次断线时，其二次电压值与互感器的接线形式无关，而与互感器是否接入二次负载有关。

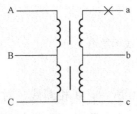

图 1-22　二次 a 相断线接线图

1）二次 a 相断线。空载时，其接线图如图 1-22 所示。因为 a 相断开，ab 间不构成回路，故 $U_{ab}=0$；bc 间为正常电压回路，故 $U_{bc}=100V$；ca 间也不构成回路，故 $U_{ca}=0$。

若 TV 二次接有负载，为一只三相三线有功电能表和一只三相三线无功电能表，线电压 $\dot{U}_{ab}$、$\dot{U}_{bc}$ 和 $\dot{U}_{ca}$ 间均接有阻抗 Z_{ab}、Z_{bc} 和 Z_{ca}，则二次 a 相断线时原理接线图如图 1-23（a）所示，其等值电路图如图 1-23（b）所示。

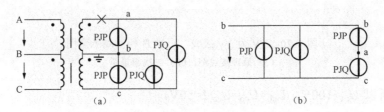

图 1-23　二次 a 相断线时原理接线图和等值电路图

（a）原理接线图；（b）等值电路图

所以 $U_{bc}=100V$，U_{ba} 和 U_{ac} 按阻抗大小分配得到的电压值为

$$U_{ba}=\left|\frac{Z_{ab}}{Z_{ab}+Z_{ac}}\right|\times100V，U_{ac}=\left|\frac{Z_{ac}}{Z_{ab}+Z_{ac}}\right|\times100V，这时，U_{ba}和U_{ac}均小于100V。$$

2）二次 b 相断线。空载时，其接线图如图 1-24 所示。因为 b 相断开，ab 间不构成回路，故 $U_{ab}=0$；ac 间为正常电压回路，故 $U_{ac}=100V$；bc 间也不构成回路，故 $U_{bc}=0$。

如果二次接有同前面一样的负载，当 b
相断线时，可画出如图 1-25（b）所示的等值
电路图。

所以 U_{ca} =100V，U_{ab} 和 U_{bc} 按阻抗大小

分配得到的电压值为 $U_{ab} = \left| \dfrac{Z_{ab}}{Z_{ab} + Z_{bc}} \right| \times 100V$，

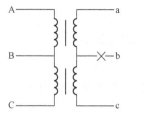

图 1-24　二次 b 相断线接线图

$U_{bc} = \left| \dfrac{Z_{bc}}{Z_{ab} + Z_{bc}} \right| \times 100V$，这时，$U_{ab}$ 和 U_{bc} 均小于 100V。

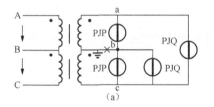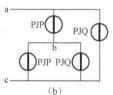

图 1-25　二次 b 相断线时的原理接线图和等值电路图

（a）原理接线图；（b）等值电路图

（3）TV 绕组极性接反时的情况分析。

1）TV 为 Vv 接线，二次 ab 相极性接反时。由图 1-26（a）得到二次
绕组 b 的同名端与一次绕组 A 的同名端相对应。

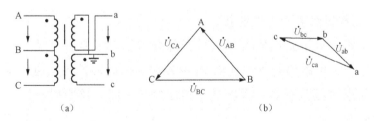

图 1-26　二次 ab 相极性接反时的原理接线图和相量图

（a）原理接线图；（b）相量图

因此，U_{ca}=173V，$U_{ab}=U_{bc}$=100V。

因此，TV 采用 Vv 接线，若二次或一次的任一个绕组极性接反时，其二次电压 U_{ab} 和 U_{bc} 仍为 100V，而 U_{ca} 为 173V。

2）TV 为 Yy 接线，若 a 相绕组极性接反时。如图 1-27（a）所示，由于 a 相绕组极性接反，因此 $\dot{U}_a$ 的相位与 $\dot{U}_A$ 相反。

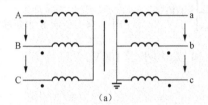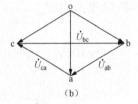

图 1-27　a 相绕组极性接反时的原理接线图和相量图

（a）原理接线图；（b）相量图

所以 U_{bc}=100V，而 U_{ab}=U_{ca}=57.7V。

因此，TV 采用 Yy 接线，若二次或一次的任一个绕组极性接反时，则与反接相有关的线电压为 57.7V，而与反接相无关的线电压仍为 100V。

二、电子式电能表

电子式电能表的电压输入变换部分分两种情况，即电阻网络变换和互感器变换；其电流输入变换部分也分两种情况，即锰铜片分流和互感器变换。

1. 三相四线电子式电能表

三相四线电子式电能表电压采样部分可以看成是三个单相电子式电能表的组合。电路均是以中性点 U_n 为参照的，表内部各相电压采样互不影响，如果电压互感器一次侧某一相熔丝（或线）熔断时，二次侧电压值也相应发生变化，一般是 0 和 220V，基本上与感应式电能表的分析方法相同。

2. 三相三线电子式电能表

三相三线电子式电能表内部电压取样分为三角形与 V 形两种方式，其等效电路如图 1-28、图 1-29 所示。

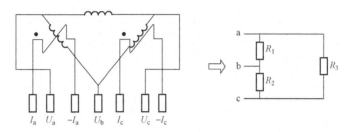

图 1-28　电子式电能表内部电压三角形取样等效电路

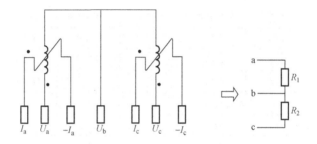

图 1-29　电子式电能表内部电压 V 形取样等效电路

可以看出，图 1-29 与机械表接线原理基本一致。当 A 相断线时，$U_{ab}=0V$，$U_{bc}=U_{ac}=100V$，二次电压值为 0、50、100V。图 1-28 则不相同，当 A 相断线时，$U_{ab}=U_{ac}=50V$，$U_{bc}=100V$，二次电压值变化范围为 50、100V。因此，电子式电能表接线出现故障时，需要知道是哪一种接线方式，否则，则会出现误判，导致错误计算结果。表 1-1 所示是一组实测数据。

表 1-1　　　　　　　　　　　实 测 数 据

		A 相断线	B 相断线	C 相断线
三星 DSSD188S	U_{AB}（V）	48.1	47.7	100
	U_{CB}（V）	100	49.9	49
	U_{AC}（V）	49.9	100	48.8

续表

走字	正常	A 相断线	正常	B 相断线	正常	C 相断线
起度（kWh）	0.11	0.17	0.46	0.36	0.85	0.53
止度（kWh）	0.46	0.36	0.81	0.53	1.20	0.70
走度（kWh）	0.35	0.19	0.35	0.17	0.35	0.17

华立 DSSD536

		A 相断线		B 相断线		C 相断线
	U_{AB}（V）	47.7		49.3		100
	U_{CB}（V）	100		47.7		49.7
	U_{AC}（V）	49.7		100		47.7

走字	正常	A 相断线	正常	B 相断线	正常	C 相断线
起度（kWh）	0.19	0.05	0.55	0.23	0.90	0.40
止度（kWh）	0.55	0.23	0.90	0.40	1.25	0.58
走度（kWh）	0.36	0.18	0.35	0.17	0.35	0.18

威胜 DSZ331

		A 相断线		B 相断线		C 相断线
	U_{AB}（V）	0		54.8		100
	U_{CB}（V）	100		44.9		0
	U_{AC}（V）	99.7		100		99.9

走字	正常	U 相断线	正常	V 相断线	正常	W 相断线
起度（kWh）	0.38	0.24	0.73	0.42	1.09	0.58
止度（kWh）	0.73	0.42	1.09	0.58	1.43	0.76
走度（kWh）	0.35	0.18	0.36	0.16	0.34	0.18

科陆 DSZ719

		A 相断线		B 相断线		C 相断线
	U_{AB}（V）	0.8		49.5		99.6
	U_{CB}（V）	100.0		49.6		0.8
	U_{AC}（V）	99.4		100.0		98.5

走字	正常	A 相断线	正常	B 相断线	正常	C 相断线
起度（kWh）	0.38	0.24	0.73	0.42	1.08	0.58
止度（kWh）	0.73	0.42	1.08	0.58	1.43	0.76
走度（kWh）	0.35	0.18	0.35	0.16	0.35	0.18

从表 1-1 中不难看出，其主要参数也分为三角形与 V 形两种方式。电压断相时，型号为 DSSD188S、DSSD536 电压取样为三角形，电压值变化范围为 50、100V；型号为 DSZ331、DSZ719 电压取样为 V 形，电压值变化范围为 0、50、100V。也就是说，机械表二次只有 V 形取样，而电子表除了 V 形取样外还有三角形取样，在分析互感器错接线方式时需特别注意。

任务三　电能计量装置接线检查方法

【教学目标】

要求学员了解电能计量装置接线检查的方法，熟悉停电检查和带电检查的内容、步骤及方法，对停电检查与带电检查电能计量装置有全面的了解。

【任务描述】

本任务主要讲解电能计量装置接线检查的方法，包括停电检查和带电检查的内容、步骤及方法，为以后停电、带电检查操作提供理论依据。

【任务实施】

通过讲解电能计量装置接线检查方法，引导学员分析各种错误接线方式可能带来的后果，熟识停电检查与带电检查内容、步骤和方法。

【相关知识】

一、停电检查

新装互感器、更换互感器以及二次回路的电能计量装置投入运行之前，都必须在停电的情况下进行接线检查。

对于运行中的电能计量装置，当无法判断接线正确与否或需要进一步核实带电检查的结果时，也要进行停电检查。

1. 停电检查的目的和内容

电能计量装置是供电（发电）企业对电力用户使用（发电上网）电能量多少的度量衡器具，是电能贸易结算或考核的依据。正确计量电能，不仅要求电能计量装置的各计量器具的准确度通过校验，而且还需要整个计量装置的接线正确，运行可靠。

电能计量装置停电检查的内容包括核对互感器的铭牌（变比、编号、准确度等级）、互感器极性检查、二次回路检查、核对端子标记、检查计量方式是否合理等。

2. 停电检查前的准备工作

（1）检查前的工作。准备有关电能计量装置的信息资料，如安装位置、铅封号、电能表表号、互感器变比及编号等，以便现场核对。

（2）安全工作要求。

1）应按规定办理工作票。

2）应先确定有无阻止送电或防倒送电的措施，并在被检查计量装置前后两侧各挂一组接地线，悬挂标识牌，防止检查过程中计量装置突然来电，引发人身事故。

（3）工器具准备。检查用工器具包括验电器、万用表等仪器。

3. 停电检查的步骤和方法

（1）核对互感器铭牌内容（变比、编号、准确度等级）与台账是否相符。

（2）TA极性检查。检查核对互感器的极性标志是否正确。一般现场都是采用直流法进行试验。TA极性检查试验接线如图1-30所示。开关S、干电池（1.5~6V）和TA一次绕组串联，TA的二次绕组连接万用表（选用直流毫安量程）。若为减极性，则在合开关的瞬间万用表指针应从零位往正相偏转。

（3）TV 极性和接线组别的检查。

1）电磁式 TV 的极性检查。TV 极性检查试验接线如图 1-31 所示。将 1.5～3V 直流电源（电池）经开关 S 接在一次侧 A、X 上（或用手执硬绝缘导线直接同 A 接通、断开），在 TV 的二次侧端子上接万用表，电池正极端接 A 端子，表计正表笔接 a 端子，合开关 S 瞬间，注意观察表计指针的偏转方向，若万用表的指针向右摆动（正方相），则互感器 A、a 为减极性同极性端，所测试的减极性准确，否则，减极性有误。

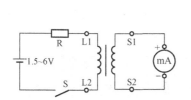 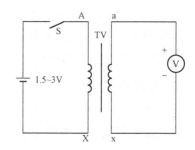

图 1-30　TA 极性检查试验接线　　　图 1-31　TV 极性检查试验接线

2）电容式 TV（CVT）的极性检查。由于 CVT 一次侧有电容器，且电容器与一次侧绕组不易分开，故不能用上述方法检查极性。在 CVT 一次侧 A、X 之间用绝缘电阻表测试绝缘电阻（相当于给电容器充电），二次侧 a、x 端子上接一块直流毫伏表。当绝缘电阻表指示 20～30MΩ 时，移开 A 端子上绝缘电阻表相线，然后用一根导线对电容器放电（短接 A、X 端子），在放电瞬间，注意观察毫伏表指针摆动方向，若指针向右（正方相）摆动，则被试 CVT 极性正确，否则极性有误。

4. 二次回路检查

（1）二次回路接线检查。核对二次回路接线连接是否正确，明确各相电压、电流是否对应，电能表、TV、TA 的接线有无差错。

测量电流回路时，断开电流回路的任意一点，用万用表串入测量回路直流电阻，正常时其电阻近似为零，若电阻很大，则可能是二次接错或断路。

测量电压回路时，在 TV 的端子处断开，分别测量 U_{AB}、U_{BC}、U_{AC} 端的直流电阻，此值应较大。如接近零或很大，则可能是短路或开路，必须分段查找以缩小检查范围。

（2）二次回路绝缘检查。作二次回路的导通试验，测量二次回路绝缘状况和二次回路接地是否正确，是否有两点及以上的不正确接地情况存在。

二次回路导线不但要连接正确，而且每根导线之间及导线对地之间应该有良好的绝缘。导线间和导线对地的绝缘电阻，可用 500V 和 1000V 的绝缘电阻表来测量，绝缘电阻应符合有关规程的要求（一般不低于 10MΩ）。

5. 核对端子标记

电力系统中一侧设备的相色一般是以黄、绿、红三种颜色来区别 A、B、C 三相的相别。核对二次回路的相别，首先要核对 TV、TA 一次绕组的相别和系统是否相符，然后再根据互感器一次侧的相别来确定二次回路的相别，同时还应逐段核对从 TV、TA 的二次端子直到电能表尾之间所有接线端子的标号，做到标号正确无误。

6. 检查计量方式是否合理

根据线路的实际情况和用户的用电性质，检查选择的计量方式是否合理。包括 TA 的变比是否合适；计量回路是否与其他二次设备共用一组 TA；TA、TV 二次回路导线的截面是否符合要求；TV 二次回路电压降是否合格；无功电能表和双相计量的有功表中是否加装逆止器；TV 的额定电压是否与线路电压相符；有无不同的母线共用一组 TV 的情况；TV、TA 分别接在变压器的不同电压侧等。

7. 检查注意事项

电流二次回路开路或失去接地点，易引起人员伤亡及设备损坏。设备的标识或二次回路端子标号不清楚，易发生错误接线。

二、带电检查

对经过停电检查的电能计量装置,在投入运行后首先应进行带电检查。对正在运行中的电能计量装置也应定期进行带电检查，并应按照有关规程规定，结合周期性现场校表同时进行，还要做好接线检查记录。

1. 带电检查的内容

（1）新安装的电能表和互感器。

（2）更换后的电能表和互感器。

（3）电能表和互感器在运行中发生异常现象。

带电检查是直接在互感器二次回路上进行的工作，特别要注意 TA 二次回路不能开路，TV 二次回路不能短路。

电能计量装置在运行中一旦发生错误接线，在查出错误接线后，应把错误的接线加以纠正，同时还要进行退补电量的计算。

2. 举例说明

这里以三相三线接线为例说明带电检查的步骤、内容、方法等。

（1）工作前准备（见表1-2）。

表 1-2   工 作 前 准 备

步骤	内容	方　　法	目的（备注）
1	着装	穿工作服、绝缘鞋，戴安全帽、线手套	
2	三步式验电	（1）用验电笔先在带电的电源处验电。 （2）用验电笔在计量柜体外壳把手金属部分处验电。 （3）用验电笔再次在带电的电源处验电	第（1）步检查验电笔是否完好。 第（2）步检查计量柜体是否带电。 第（3）步确保验电笔完好。 （即可说明计量柜体不带电）

（2）测量、分析（见表1-3）。

电能计量装置接线检查与电能表现场检验

表 1-3　　　　　　　　　　　　　　　　测量、分析

步骤	内容	方法	目的（备注）
1	测量电压	（1）测量相电压 U_1、U_2、U_3。 （2）测量线电压 U_{12}、U_{23}、U_{31}	（1）对于 Vv 接线的 TV，二次回路 b 相接地，即 $U_{b0}=0$。通过测量三相对地电压，可判定出 b 相。 （2）判定 TV 是否存在断线和二次极性是否接反情况
2	测量电流	选电流测量挡位，用相位表卡钳测量 I_1、I_2	
3	测量电压相位（确定相序）	以 $\dot{U}_{12}$ 为参考相量，测量 $\dot{U}_{12}$ 与 $\dot{U}_{32}$ 之间的相位角，并判定相序	如果 $\dot{U}_{12}$ 超前 $\dot{U}_{32}$ 300°，说明为正相序；如果 $\dot{U}_{12}$ 超前 $\dot{U}_{32}$ 60°，说明为逆相序
4	测量 $\dot{U}_{12}$ 与 $\dot{I}_1$、$\dot{I}_2$ 之间的相位角	以 $\dot{U}_{12}$ 为参考相量，测量 $\dot{U}_{12}$ 超前 $\dot{I}_1$、$\dot{I}_2$ 的角度	根据测量的角度找出 $\dot{I}_1$、$\dot{I}_2$ 在相量图中的位置
5	绘制错误接线相量图	根据电压、电流之间的相位关系绘制相量图	判定错误接线方式：根据电源电压永远是正相序的，则从基准相顺时针往后的电压分别是 $\dot{U}_A$、$\dot{U}_B$、$\dot{U}_C$。根据"三符合"原则确定 $\dot{I}_A$、$\dot{I}_C$
6	判定错误接线结论并进行接线更正	第一元件：$[\dot{U}_{12}，\dot{I}_1]$； 第二元件：$[\dot{U}_{32}，\dot{I}_2]$	判定表尾电压、电流接入方式；表尾电流反接相；TA 二次极性反接相
7	绘制错误接线电路图	先画出各元件电压、电流线引线及 TA、TV 连线引线，然后再根据错误接线结论加以完善	
8	写出错误接线下的功率表达式	$P'=P_1'+P_2'$ （$P=UI\cos\varphi$）	φ 为对应元件电压电流相量的夹角。 角度查找——特殊角与 φ 关系
9	计算更正系数	$G_x=\dfrac{P}{P'}$	P 为正确接线功率表达式，P' 为错误接线功率表达式（最简式）。计算结果保留 4 位小数
10	计算退补电量	$\Delta W=(G_x-1)\,W'$	W' 为错误接线期间抄见电量（kWh）

任务四　电能表接线仿真装置与常用仪表

【教学目标】

　　要求学员熟悉电能表接线仿真装置，掌握相位伏安表及相序表的使用方法，熟识实训仿真装置具体操作步骤，熟练掌握实训仿真装置与常用仪表的使用。

【任务描述】

　　本任务主要讲解电能表接线仿真装置的原理及如何通过仿真装置设置错误接线，相位伏安表、相序表的使用方法，为实训过程正确使用相关仪表打下理论基础。

【任务实施】

　　通过介绍电能表接线仿真装置及错误接线设置方法，引导学员正确使用相位伏安表及相序表。

【相关知识】

一、电能表接线仿真装置

　　该装置可以仿真三相三线、三相四线有功、无功电能表的现场各种接线，如图 1-32 所示。用程控电源模拟母线上的电压、电流输出，用接线转换箱进行各种接线的转换，在 PC 机的统一指挥下，可以仿真现场的各种接线，其中包括三相三线高压电能表，三相四线高低压电能表、TV 二次接线、TA 二次接线等。其系统原理图如图 1-33 所示。

　　1. 仿真系统登录

　　双击桌面上图标"三相表接线仿真系统"即可进入系统主界面。

图 1-32　模拟装置图

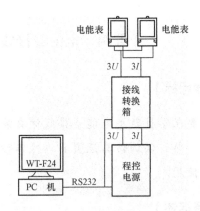

图 1-33　系统原理图

2．模拟仿真接线设置

（1）单击主画面中的"模拟仿真接线"按钮出现如图 1-34 所示画面。

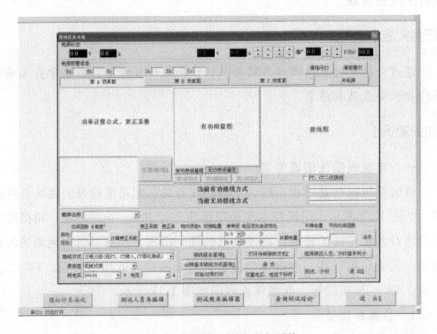

图 1-34　电能表接线仿真系统

（2）根据仿真面的需要，单击"第 A 仿真面"、"第 B 仿真面"、"第 C 仿真面"，对需要仿真的各面进行接线设置。

（3）单击"功率因数"边上的"上下箭头"设置功率因数，接着单击其右边的"下箭头"，出现"L、C"选项，然后选择 L（感性负荷）或 C（容性负荷）；再依次单击"接线方式"、"表类型"、"线电压"、"电流"栏下拉框进行参数选择。注意："接线方式"、"线电压"栏只能单击下拉框进行选择，而"电流"栏既能选择又能输入。

（4）进行接线组合。为方便培训，把 48 种基本组合单独罗列出来，其顺序和书本上的顺序一致，使用时直接单击"48 种基本接线查询"按钮即可直接选择，如图 1-35 所示。

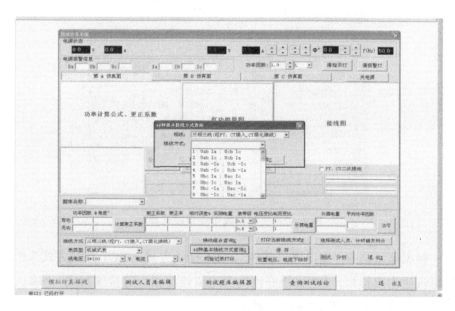

图 1-35 48 种基本接线方式查询

也可以任意组合，此时点击"接线组合查询"按钮，如图 1-36、图 1-37 所示。

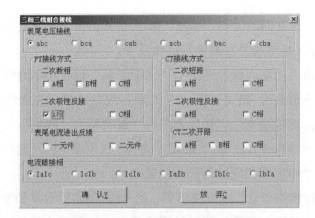

图 1-36　三相三线组合接线选择框

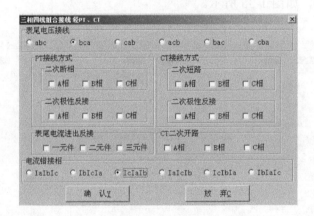

图 1-37　三相四线组合接线选择框

　　根据要求选择"表尾电压接线"、"PT 接线方式"、"CT 接线方式"、"表尾电流进出反接"、"CT 二次开路"、"电流错接相"等接线形式，"确认"后出现如图 1-38、图 1-39 所示界面。

　　设置好参数后单击"第 A 面接线"（或"第 B 面接线"、"第 C 面接线"）系统即升起电压、电流。模拟计量装置开始运行，即可进行接线分析。

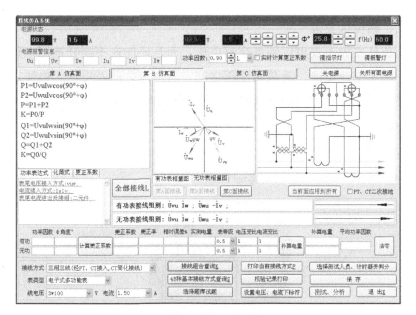

图1-38　三相三线仿真界面

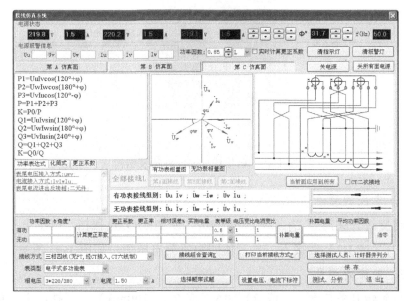

图1-39　三相四线仿真界面

电能计量装置接线检查

二、相位伏安表

相位伏安表不仅可以测量交流电压，而且还能在不断开被测电路的情况下，测量交流电流，测量两电压之间、两电流之间及电压、电流之间的相位差。相位伏安表是电能表进行接线分析时的常用工具，下面以双英SMG2000E 相位伏安表为例进行介绍。

1. 外形及结构

相位伏安表的外形及结构如图 1-40 所示。

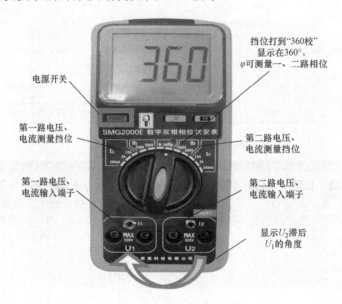

图 1-40　相位伏安表的外形及结构

2. 电压的测量

将旋转开关旋至 U_1（或 U_2）500V（或 200V）量程挡，电压信号从电压端 U1（或 U2）端接入，显示值即为所测电压值，如图 1-41 所示。

3. 电流的测量

将旋转开关旋至 1（或 2）10A（或 2A、200mA）量程挡，电流信号通过卡钳互感器从电流插孔 1（或 2）端接入，被测电流线置于卡钳窗口中心位置，显示值即为所测电流值，如图 1-42 所示。

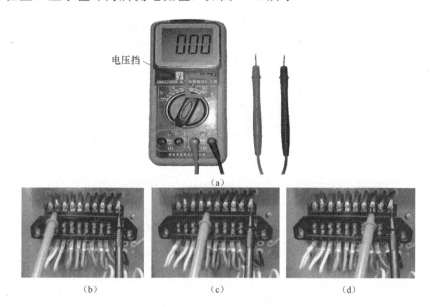

图 1-41　电压的测量

（a）量程选择；（b）U_1 的测量；（c）U_2 的测量；（d）U_3 的测量

4. 相位的测量

（1）相位满度校准。在测量相位前，先进行相位满度校准。方法如下：按下"电源键"，将旋转开关旋至"360°"校挡，调节"360°"校准电位器，使显示屏显示 360°。

（2）电压相位测量。将旋转开关旋至"φ"挡，将两路电压 $\dot{U}_1$ 和 $\dot{U}_2$ 分别从 U1 和 U2 端接入（每路必须接两根线），注意电压的方向，电压输入端的红端（左输入端）应接电压方向的高端，黑端（右输入端）应接电压方向的低端，显示屏显示的数值即为 $\dot{U}_1$ 超前 $\dot{U}_2$ 的相位，如图 1-43 所示。

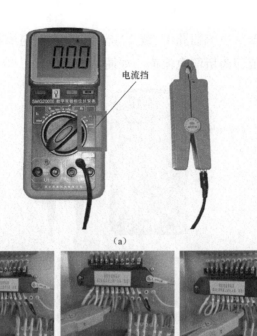

图 1-42 电流的测量

（a）量程选择；（b）I_1 的测量；（c）I_2 的测量；（d）I_3 的测量

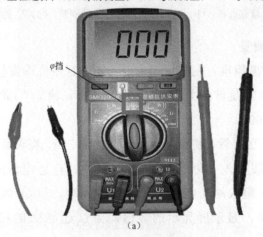

图 1-43 电压相位测量（一）

（a）量程选择

（b）

图 1-43　电压相位测量（二）

（b）U_1 超前 U_2

（3）电流相位测量。将旋转开关旋至"φ"挡，将两路电流信号通过卡钳钳口，从 I1 和 I2 插孔输入。注意：电流卡钳的电流指示方向（卡钳两侧的箭头方向）应与导线的电流方向一致（见图 1-44）。显示值即为 I_1 超前 I_2 的相位角。

（4）电压、电流间相位测量。将旋转开关旋至"φ"挡，将电压 $\dot{U}$ 从 U1 端接入，电流 $\dot{i}$ 通过卡钳互感器从电流插孔 I2 端接入，如图

图 1-44　电流卡钳电流指示方向

1-45 所示。注意：电流卡钳的电流指示方向（卡钳两侧的箭头方向）应与导线的电流方向一致。显示值即为 $\dot{U}$ 超前 $\dot{i}$ 的相位。

5. 电池低电压指示

机内具有电池电压自动检测功能，当显示器右端出现电池符号"+−"时，电池电压低于 7.5V，应更换电池。

6. 电池更换

更换电池时应在底壳下部打开电池盖固定螺钉，取开电池盖，更换电池。

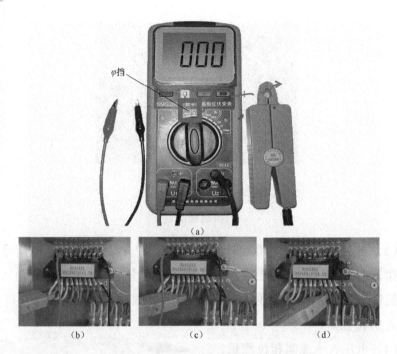

图 1-45　电压、电流间相位的测量
（a）量程选择；（b）U_1 超前 I_1；（c）U_1 超前 I_2；（d）U_1 超前 I_3

三、相序表

1. 相序表的种类

（1）旋转式相序表（见图 1-46）。旋转式相序表内部结构类似于三相交流电动机，有三相交流绕组和非常轻的转子，可以在很小的力矩下旋转，而三相交流绕组的工作电压范围很宽，从几十伏到 500V 都可工作。测试时，根据转子的旋转方向确定相序。

（2）阻容移相式相序表（见图 1-47）。

1）L1、L2、L3 为开放相位检查 LED。三个橙色 LED。

2）L、R 为相位连续检查 LED。绿色为正确相位，红色为颠倒相位。

3）测试线。黄色对应 L1（R），绿色对应 L2（S），红色对应 L3（T）。

4）鱼眼针。线或线接头的直径不超过 10mm。

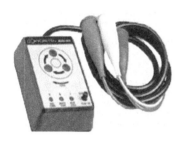

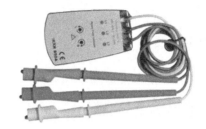

图 1-46　旋转式相序表　　　　　图 1-47　阻容移相式相序表

5）插针。方便测试线与被测端子连接。

2. 阻容式相序表的使用方法

（1）接线。将相序表三根表笔线 L1（黄，R）、L2（绿，S）、L3（红，T）分别对应接到被测源的 A（R）、B（S）、C（T）三根线上。

（2）测量。按下仪表左上角的测量按钮，灯亮，即开始测量。松开测量按钮时，停止测量。

（3）缺相指示。面板上的 L1、L2、L3 三个红色发光二极管分别指示对应的三相来电。当被测源缺相时，对应的发光管不亮。

（4）相序指示。当被测源三相相序正确时，三个橙色 LED 灯均亮，与正相序所对应的绿灯亮，蜂鸣器发出间歇蜂鸣；当被测源三相相序相位颠倒时，三个橙色 LED 灯均亮，与逆相序所对应的红灯亮，蜂鸣器发出持续蜂鸣；当被测三相中一相为开放相位（任一个相位）时，指示开放相位的橙色 LED 灯不亮，红、绿 LED 灯皆不亮，蜂鸣器发出持续蜂鸣。

任务五　三相四线电能表错误接线检查常用分析方法与步骤

【教学目标】

要求学员理解三相四线电能表错误接线的分析方法，了解实负荷比较法、逐相检查法、电压电流法和相量图法的具体内容，掌握用相量图法分析错误接线的方法与步骤。

【任务描述】

本任务主要讲解三相四线电能表错误接线时的分析方法，重点对相量图法进行全面的讲述。

【任务实施】

通过讲解三相四线电能表错误接线分析方法，引导学员重点掌握用相量图法分析的方法与步骤。

【相关知识】

一、实负荷比较法

将电能表反映的功率与电能计量装置实际所承载的功率进行比较，也可将线路中的实际功率计算电能表转动一定圈数所需的时间与实际测得时间进行比较，以判断电能计量装置是否正常，这种方法就是实负荷比较法，一般称为瓦秒法。

在反窃电或计量装置周期检查时，瓦秒法运用最为广泛。在现场有负荷情况下，通过钳形电流表测量实际负荷电流大小，并换算成功率，然后计算电能表转动一定圈数（脉冲闪烁一定次数）所需要的时间，判断电能表走度是否正常。在现场没有负荷情况下，使用自带的 1kW 电吹风或灯泡，再用上述方法判断电能表走度是否正常。

二、逐相检查法

在电能表三相接入有效负荷的条件下，断开另外两个元件的电压连接片，让某一元件单独工作，观察电能表转动或脉冲闪烁频率，若正常，则说明该相接线正确，这种现场检查方法就是逐相检查法。

三、电压电流法

使用万用表和钳形电流表测量电能表接入的电压、电流值，通过与正常运行状态下电压电流值比较，从而判断计量装置是否正常，这种方法就是电压电流法。

四、相量图法

相量图法就是通过测量与功率相关量值来比较电压、电流相量关系，从而判断确定接到电能表中的究竟是什么电压？什么电流？

1. 相量图法的适用条件

（1）电压基本对称。

（2）电压、电流比较稳定。

（3）已知负荷性质（感性或容性）。

2. 相量图分析的三符合原则

（1）各电压相量间和各电流相量间的相位关系分别"符合正相序"；

（2）同相电压与电流相量间的相位差分别"符合随相关系"。

（3）各相量之间的关系"符合正常情况"。

3. 相量图法的具体步骤

（1）工作前准备（见表1-4）。

表 1-4   工 作 前 准 备

步骤	内容	方　　法	目的（备注）
1	着装	穿工作服、绝缘鞋，戴安全帽、线手套	
2	三步式验电	（1）用验电笔先在带电的电源处验电。 （2）用验电笔在计量柜体外壳把手金属部分验电。 （3）用验电笔再次在带电的电源处验电	第（1）步检查验电笔是否完好。 第（2）步检查计量柜体是否带电。 第（3）步确保验电笔完好。 （即可说明计量柜体不带电）

续表

步骤	内容	方 法	目的（备注）
3	相位伏安表检查	（1）检查表内电池电压。当显示器右端出现电池符号"+-"时，电池电压低于 7.5V，应更换电池。 （2）360°校准。如果表计显示不是 360°，则应调整相位校准电位器 W，使之显示值为 360°	确保测量数据准确，误差在表计允许范围内

（2）测量、分析（见表 1-5）。

表 1-5 测量、分析

步骤	内容	方 法	目的（备注）
1	测量电压	（1）测量相电压 U_1、U_2、U_3。 （2）测量线电压 U_{12}、U_{23}、U_{31}	（1）测试电压互感器有无开路情况，如有一相相电压为 0，说明其开路。 （2）测试电压互感器有无同相或反接，如果测量线电压为 0，说明同相；如果测试的线电压为两相 57.7V 或 220V，说明互感器有反接的情况
2	测量电流	用相位表卡钳测量 I_1、I_2、I_3	电流 10A 挡，如果电流较小，应退挡测量
3	确定 Uu	模拟装置上设置了 U 相电压参考点，即"Uu（a）"。将一支表笔插入 Uu，另一支表笔分别插入 U1、U2、U3，当表计显示数值为 0 时，说明该相与 Uu 同相，即可确定 Uu	确定电能表上 Uu 的实际接线位置（电压 500V 挡）
4	测量电压相位（确定相序）	以 $\dot{U}_1$ 为参考相量，测量 $\dot{U}_1$ 与 $\dot{U}_2$ 之间的相位角，并判定相序	如果 $\dot{U}_1$ 超前 $\dot{U}_2$ 120°，说明为正相序；如果 $\dot{U}_1$ 超前 $\dot{U}_2$ 240°，说明为逆相序
5	测量电压电流间的相位角	以 $\dot{U}_1$ 为参考相量，测量 $\dot{U}_1$ 超前 $\dot{I}_1$、$\dot{I}_2$、$\dot{I}_3$ 的角度	根据测量的角度找出 $\dot{I}_1$、$\dot{I}_2$、$\dot{I}_3$ 在相量图中的位置

步骤	内容	方 法	目的（备注）
6	绘制错误接线相量图	根据电压、电流之间的相位关系绘制相量图	由于电源电压永远是正相序的，因此从基准相顺时针往后的电压分别是 $\dot{U}_A$、$\dot{U}_B$、$\dot{U}_C$。根据"三符合"原则确定 $\dot{I}_A$、$\dot{I}_C$
7	判定错误接线结论并进行接线更正	第一元件：$[\dot{U}_1，\dot{I}_1]$； 第二元件：$[\dot{U}_2，\dot{I}_2]$； 第三元件：$[\dot{U}_3，\dot{I}_3]$	判定表尾电压、电流接入方式；表尾电流反接相；TA 二次极性反接线
8	绘制错误接线电路图	先画出各元件电压、电流线引线及 TA、TV 连线引线，然后再根据错误接线结论加以完善	
9	写出错误接线下的功率表达式	$P'=P_1'+P_2'+P_3'$ （$P=UI\cos\varphi$）	φ 为对应元件电压电流相量的夹角。 角度查找——特殊角与 φ 关系
10	计算更正系数	$G_x = \dfrac{P}{P'}$	P 为正确接线功率表达式，P' 为错误接线功率表达式（最简式）。计算结果保留 4 位小数
11	计算退补电量	$\Delta W=（G_x-1）W'$	W' 为错误接线期间抄见电量（kWh）

任务六　低压三相四线电能表错误接线检查实训

【教学目标】

　　要求学员掌握相量图法分析直接接入式和经 TA 接入的低压三相四线电能表错误接线分析的方法以及错误接线更正系数的计算，通过案例分析，对低压三相四线电能表的错误接线有全面的了解。

【任务描述】

本任务主要讲解相量图法分析直接接入式和经 TA 接入的低压三相四线电能表错误接线分析的方法及判断方法。

【任务实施】

通过示范操作，引导学员正确使用相位伏安表测量表尾电参数，讲述相量图绘制的步骤方法。

【相关知识】

一、直接接入的三相四线电能表错误接线检查实训

1. 电压、电流的测量

用万用表或相位表分别测量 U_1、U_2、U_3 相对地电压值。测量 U_{12}、U_{23}、U_{31} 间的线电压及三相电流 I_1、I_2、I_3。

2. 参考电压的确定

模拟装置上设置了 A 相电压参考点，用相位伏安表分别测量 U_1、U_2、U_3 三端与参考点之间的电压 U_{10}、U_{20}、U_{30}，电压为 0 的相应端即为 A 相电压端，如图 1-48 所示。

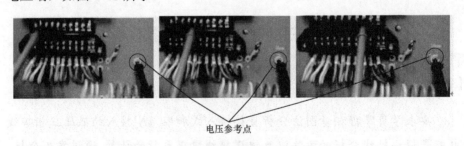

电压参考点

图 1-48 确定参考电压

测量结果见表 1-6，可判定 U_2 为 A 相电压。

在实际现场中，并没有 A 相的参考电压，实际中一般是 B 相接地的，因此，用相位伏安表分别测量 U_1、U_2、U_3 三端和接地端之间的电压 U_{10}、U_{20}、U_{30}，即可判定电压为 0 的相应端即为 B 相电压端。

3. 各元件电压相序的测定

测量 $\dot{U}_1\dot{U}_2$ 之间的角度，正相序时 $\dot{U}_1$ 超前 $\dot{U}_2$ 120°，逆相序时 $\dot{U}_1$ 超前 $\dot{U}_2$ 240°。据此可判别各元件电压 $\dot{U}_1\dot{U}_2\dot{U}_3$ 的相序，如图 1-49 所示。

表 1-6　测量结果

U_{10}	U_{20}	U_{30}
380V	0	380V
$\dot{U}_A = \dot{U}_2$		

测量结果见表 1-7，可判定 $\dot{U}_1\dot{U}_2\dot{U}_3$ 为逆相序。

表 1-7　测量结果

相位角	$\dot{U}_2$	$\dot{U}_3$
$\dot{U}_1$	240°	120°
相序	逆相序	

图 1-49　测定各元件电压相序

4. 根据参考电压和相序确定电压相别

根据以上测量结果，确定 $\dot{U}_2 = \dot{U}_A$ 及 $\dot{U}_1 \dot{U}_2 \dot{U}_3$ 为逆相序，从而确定 $\dot{U}_1 = \dot{U}_b$，$\dot{U}_3 = \dot{U}_c$。

5. 用相位伏安表测量各元件电流与电压的相位关系

用三相四线计量装置分别测量 $\dot{U}_1$ 超前三个元件电流 $\dot{I}_1$、$\dot{I}_2$、$\dot{I}_3$ 的角度，根据测量结果画出相量图。

6. 判定电压和电流相别及接线方式

三相四线接线的分析：根据 $U_{20}=0$ 可判定 $\dot{U}_2 = \dot{U}_a$，根据 $\dot{U}_1$ 超前 $\dot{U}_2$ 240°，可判定 $\dot{U}_1\dot{U}_2\dot{U}_3$ 为逆相序，所以 $\dot{U}_3 = \dot{U}_c$，$\dot{U}_1 = \dot{U}_b$。由于 $\dot{I}_1$ 滞后 $\dot{U}_2(\dot{U}_a)$ 的角度与功率因数相符合，因此可判定 $\dot{I}_1 = \dot{I}_a$；由于 $\dot{I}_2$ 滞后 $\dot{U}_1(\dot{U}_b)$ 的角度与功

率因数相符合，因此可判定 $\dot{I}_2 = \dot{I}_b$；由于 $\dot{I}_3$ 滞后 $\dot{U}_3(\dot{U}_c)$ 的角度与功率因数相符合，因此可判定 $\dot{I}_3 = \dot{I}_c$。所以，接线方式中第一元件为 $[\dot{U}_b, \dot{I}_a]$，第二元件为 $[\dot{U}_a, \dot{I}_b]$，第三元件为 $[\dot{U}_c, \dot{I}_c]$。

7. 案例分析

【例 1-1】 某用户，低压三相四线供电，功率因数大于 0.8（滞后），三相四线电能表表尾测量数据如下：

U_{10}	U_{20}	U_{30}
380V	0	380V

相位角	$\dot{U}_2$	$\dot{U}_3$	$\dot{I}_1$	$\dot{I}_2$	$\dot{I}_3$
$\dot{U}_1$	240°	120°	256°	17°	136°

解 根据测量结果，画出相量图如图 1-50 所示，分析结果如图 1-51 所示。

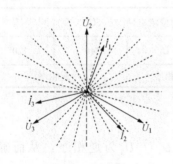

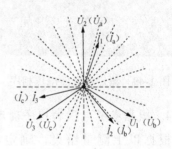

图 1-50　相量图　　　　　　　　　图 1-51　分析结果

【例 1-2】 某用户采用三相四线制低压供电，负荷平均功率因数大于 0.8（感性负荷），表尾测试数据如下，试分析电能表接线是否正确？

U_1=220V	I_1=2.5A
U_2=220V	I_2=2.5A
U_3=220V	I_3=2.5A

U_{10}	U_{20}	U_{30}
380V	380V	0

相位角	$\dot{U}_2$	$\dot{U}_3$	$\dot{I}_1$	$\dot{I}_2$	$\dot{I}_3$
$\dot{U}_1$	240°	120°	277°	218°	158°

解 （1）画出电压相量图。由测量数据 U_1=220V、U_2=220V、U_3=220V、I_1=2.5A、I_2=2.5A、I_3=2.5A，可知三相电压、电流基本对称，没有断线；由 $\dot{U}_1$ 超前 $\dot{U}_2$ 240°，可确定 $\dot{U}_1\dot{U}_2\dot{U}_3$ 为逆相序。电压相量图如图 1-52 所示。

（2）画出电流相量图。根据 $\dot{U}_1$ 超前 $\dot{I}_1$、$\dot{I}_2$、$\dot{I}_3$ 的角度，在相量图上分别画出 $\dot{I}_1$、$\dot{I}_2$、$\dot{I}_3$。电流相量图如图 1-53 所示。

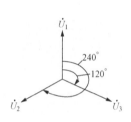

图 1-52　电压相量图

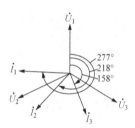

图 1-53　电流相量图

（3）判定电压相别。由 U_{30}=0，可确定 U_3 为 A 相，又因为 $\dot{U}_1\dot{U}_2\dot{U}_3$ 为逆相序，可以判定 $\dot{U}_1 = \dot{U}_C$，$\dot{U}_2 = \dot{U}_B$，$\dot{U}_3 = \dot{U}_A$。相量图如图 1-54 所示。

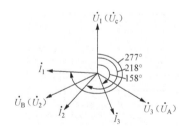

图 1-54　判定电压相别

（4）判定电流相别。由相量图可知，$\dot{I}_1$ 滞后 $\dot{U}_2$ 的角度与负荷功率因数相符合，可判定 $\dot{I}_1$ 与 $\dot{U}_2$ 同相，所以 $\dot{I}_1 = \dot{I}_b$；同理可判定 $\dot{I}_3 = \dot{I}_a$。将 $\dot{I}_2$ 反相画出，$-\dot{I}_2$ 滞后 $\dot{U}_1$ 的角度与负荷功率因数相符合，可判定 $-\dot{I}_2$ 与 $\dot{U}_1$ 同相，所以 $-\dot{I}_2 = \dot{I}_c$，即 $\dot{I}_2 = -\dot{I}_c$。相量图如图 1-55 所示。

（5）电能表的接线方式（故障判断结论）。

第一元件：$[\dot{U}_\mathrm{C}, \dot{I}_\mathrm{b}]$；

第二元件：$[\dot{U}_\mathrm{B}, -\dot{I}_\mathrm{c}]$；

第三元件：$[\dot{U}_\mathrm{A}, \dot{I}_\mathrm{a}]$。

即表尾电压接入方式为 CBA，表尾电流接入方式为 $\dot{I}_\mathrm{b}\dot{I}_\mathrm{c}\dot{I}_\mathrm{a}$，第二元件电流进出线接反。表尾接线示意图如图 1-56 所示。

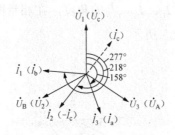

图 1-55　判定电流相别　　　　图 1-56　表尾接线示意图

【例 1-3】　某用户采用三相四线制低压供电，负荷平均功率因数大于 0.8（感性负荷），表尾测试数据如下，试分析电能表接线是否正确？

U_1=220V	I_1=2.5A
U_2=220V	I_2=2.5A
U_3=220V	I_3=2.5A

U_{10}	U_{20}	U_{30}
380V	380V	0

相位角	$\dot{U}_2$	$\dot{U}_3$	$\dot{I}_1$	$\dot{I}_2$	$\dot{I}_3$
$\dot{U}_1$	120°	240°	96°	36°	156°

解　（1）画出电压相量图。由测量数据 U_1=220V、U_2=220V、U_3=220V、I_1=2.5A、I_2=2.5A、I_3=2.5A，可知三相电压、电流基本对称，没有断线；由 $\dot{U}_1$ 超前 $\dot{U}_2$ 120°，可确定 $\dot{U}_1\dot{U}_2\dot{U}_3$ 为正相序。电压相量图如图 1-57 所示。

（2）画出电流相量图。根据 $\dot{U}_1$ 超前 $\dot{I}_1$、$\dot{I}_2$、$\dot{I}_3$ 的角度，在相量图上分别画出 $\dot{I}_1$、$\dot{I}_2$、$\dot{I}_3$。电流相量图如图 1-58 所示。

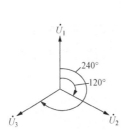

图 1-57 电压相量图

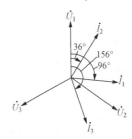

图 1-58 电流相量图

（3）判定电压相别。由 $U_{30}=0$，可确定 U_3 为 A 相，又因为 $\dot{U}_1\dot{U}_2\dot{U}_3$ 为正相序，可以判定 $\dot{U}_1=\dot{U}_B$，$\dot{U}_2=\dot{U}_C$，$\dot{U}_3=\dot{U}_A$。相量图如图 1-59 所示。

（4）判定电流相别。由相量图可知，$\dot{I}_2$ 滞后 $\dot{U}_1$ 的角度与负荷功率因数相符合，可判定 $\dot{I}_2$ 与 $\dot{U}_1$ 同相，所以 $\dot{I}_2=\dot{I}_b$；同理可判定 $\dot{I}_3=\dot{I}_c$。将 $\dot{I}_1$ 反相画出，$-\dot{I}_1$ 滞后 $\dot{U}_3$ 的角度与负荷功率因数相符合，可判定 $-\dot{I}_1$ 与 $\dot{U}_3$ 同相，所以 $-\dot{I}_1=\dot{I}_a$，即 $\dot{I}_1=-\dot{I}_a$。相量图如图 1-60 所示。

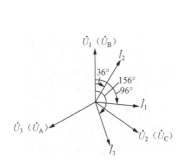

图 1-59 判定电压相别

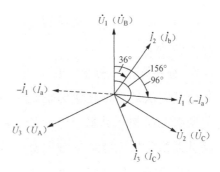

图 1-60 判定电流相别

（5）电能表的接线方式（故障判断结论）。

图 1-61 表尾接线示意图

第一元件：$[\dot{U}_\mathrm{B},-\dot{I}_\mathrm{a}]$；

第二元件：$[\dot{U}_\mathrm{C},\dot{I}_\mathrm{b}]$；

第三元件：$[\dot{U}_\mathrm{A},\dot{I}_\mathrm{c}]$。

即表尾电压接入方式为 BCA，表尾电流接入方式 $\dot{I}_\mathrm{a}\dot{I}_\mathrm{b}\dot{I}_\mathrm{c}$，第一元件电流进出线接反。表尾接线示意图如图 1-61 所示。

二、经 TA 接入的三相四线电能表错误接线检查实训

1. 与直接接入式的区别

经 TA 接入的低压三相四线电能计量装置一般安装在客户端，由于安装环境的多样化，此类计量装置的运行环境复杂，在安装和运行中会发生一些常见的故障，如电能计量装置三相电压与电流不同相，二次电流回路短路、极性反接、互感器变比等。其中最重要的区别是存在 TA 极性反接（分析方法与直接接入式大同小异），由此造成电能表接线错误，影响正确计量。

经 TA 接入三相四线电能表的接线图如图 1-62 所示。

2. 分析方法—相量图法

相量图法是指根据现场采集的与功率有关参数，绘制相量图，由有关参数的固有相量关系分析电能计量装置实际接线情况的一种方法。先回顾一下单相电能表和

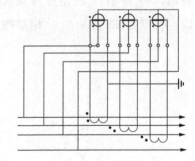

图 1-62 经 TA 接入三相四线
电能表的接线图

三相四线电能表有关参数之间存在的相量关系。

（1）单相电能表相量关系。当单相电能表接入电路，负荷为电感性时，其测量元件中接入的电压与电流的关系可以表示为图 1-63 所示关系。

单相电能表计量功率表达式为

$$P = U_U I_U \cos\varphi_U$$

式中　U_U——U 相相电压；

　　　I_U——U 相相电流；

　　　φ_U——U 相功率因数角，表示 U_U 与 I_U 之间的相位差。

感性负荷时，电流滞后电压 φ_U 角；若负荷为容性，则电流超前电压 φ_U 角。

（2）三相四线电能表相量关系。当三相四线电能表接入电感性对称负荷时，其相量关系如图 1-64 所示。

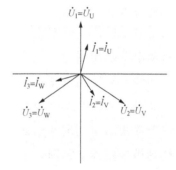

图 1-63　单相电能表

（感性负荷）相量图　　　图 1-64　三相四线电能表（感性负荷）相量图

三相四线电能表计量功率表达式为

$$P = P_1 + P_2 + P_3 = U_U I_U \cos\varphi_U + U_V I_V \cos\varphi_V + U_W I_W \cos\varphi_W$$

式中　P_1, P_2, P_3——分别为三相四线电能表一元件、二元件、三元件计量功率；

　　U_U, U_V, U_W——分别为 U、V、W 相相电压；

　　I_U, I_V, I_W——分别为 U、V、W 相相电流；

　　$\varphi_U, \varphi_V, \varphi_W$——分别为 U、V、W 相功率因数角。

设三相对称平衡，$U_U = U_V = U_W = U$，$I_U = I_V = I_W = I$，$\varphi_U = \varphi_V = \varphi_W = \varphi$，则 $P = 3UI\cos\varphi$。

（3）相量图法。相量图法就是通过测量与功率相关量值来比较电压、电流相量关系，从而判断电能表的接线方式，它适应的条件是：

1）三相电压已知，且基本对称。

2）电压、电流比较稳定。

3）已知负荷性质（感性或容性），功率因数波动较小，且三相负荷基本平衡。

相量图法包括以下 11 个步骤：

1）测量相电压。

2）测量电流。

3）确定 U 相。

4）测量电压相位，确定相序。

5）测量电压电流相位。

6）绘制错误接线相量图（包括：①画电压相量图；②画电流相量图；③判定电压相别；④判定电流相别和极性）。

7）错误接线结论判定及错误接线更正。

8）绘制错误接线电路图。

9）写出错误接线功率表达式。

10）计算更正系数。

11）计算退补电量。

需要说明的是，利用"更正系数法"计算退补（差错）电量，应尽量保证更正系数 K 值分子、分母采样数据的统一性。即应在电能计量装置所带负荷和功率因数处于相对稳定且具有代表性的工况下，做实际参数采样。特别是分子部分的功率因数值的确定。不推荐采用加权平均功率因数。

3. 案例分析

【例 1-4】 一低压电能计量装置，三相四线电能表经 TA 接入，已知电能表起码 15，止码 30，TA 变比为 100/5A，负荷功率因数为 0.966，三相电压、电流基本对称平衡，试进行现场检查判断接线方式。

解 采用相量图法分析,其操作步骤如下:

(1)在电能表接线盒上测量电压(含基准相查找)、电流、电压相位和电压电流相位。

1)测量电压。相位伏安表置于 500V 电压挡,分别在电能表表尾接线盒处三个元件的电压端子对 N 端子进行测量(基准相查找:在基准相测试点及三个元件电压端子间测量)。

2)测量电流。相位伏安表置于 10A 电流挡,将电流钳分别夹在电能表表尾接线盒处三个元件的电流进线上进行测量。

3)测量电压相位,确定相序。相位伏安表置于相位挡,分别测量 $\dot{U}_1$ 与 $\dot{U}_2$、$\dot{U}_3$ 之间的相位角。

4)测量电压电流相位。相位伏安表置于相位挡,分别测量 $\dot{U}_1$ 与 $\dot{I}_1$、$\dot{I}_2$、$\dot{I}_3$ 之间的相位角。测量时应确认电流钳的极性端符合要求,即应使电流流入电流钳规定的一次侧极性端(注意,不同厂家电流钳的极性标志可能有不同定义,以使用说明书为准),否则,相位测量结果会出错,导致分析出现原则性错误。

关键数据测量结果:电压相序为逆相序,各元件所接入的电压、电流之间相位角分别为一元件 15°,二元件 135°,三元件 75°。

辅助分析数据测量结果:电压分别为一元件 220V,二元件 219V,三元件 221B;电流分别为一元件 2.53A,二元件 2.55A,三元件 2.54A。

(2)确定接入电能表电压相别。由于电压相别对电能表计量没有影响,可假定一元件电压为 A 相,则逆相序接入时其余两相分别为二元件 C 相,三元件 B 相。

(3)绘制相量图(见图 1-65)。先画电压相量 $\dot{U}_a$、$\dot{U}_b$、$\dot{U}_c$,不必考虑电压相序顺逆。然后以 $\dot{U}_a$ 电压相量为基准顺时针旋转对应相位角,在 $\dot{U}_a$ 顺时针旋转 15° 的位置画出 $\dot{I}_1$ 电流相量;在 $\dot{U}_a$ 顺时针旋转 135° 的位置画出 $\dot{I}_2$ 电流相量;在 $\dot{U}_a$ 顺时针旋转 75° 的位置画出 $\dot{I}_3$ 电流相量。根据负荷功率因数，算出功率因数角，若相邻电压电流相量之间满足功率因数角要求（如本例中，电流滞后电压 15°），则该电流为就近相电压同相电流。如 $\dot{U}_\mathrm{a}$ 对应电流相量刚好超前 15°，该电流为 $\dot{I}_\mathrm{a}$，以此类推，逐一确定二元件、三元件对应电流相量分别为 $\dot{I}_\mathrm{b}$、$-\dot{I}_\mathrm{c}$。

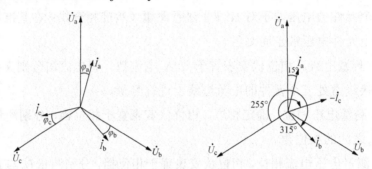

图 1-65　三相四线电能表相量图

（4）分析实际接线情况。由相量图可知各元件接入电压电流分别为一元件（$\dot{U}_\mathrm{a}$，$\dot{I}_\mathrm{a}$），二元件（$\dot{U}_\mathrm{c}$，$\dot{I}_\mathrm{b}$），三元件（$\dot{U}_\mathrm{b}$，$-\dot{I}_\mathrm{c}$）。实际接线图如图 1-66 所示。

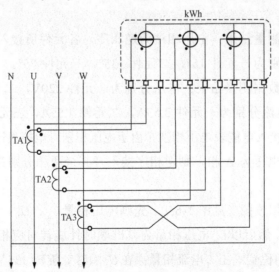

图 1-66　三相四线电能表实际接线图

任务七　高压三相四线电能表错误接线检查实训

【教学目标】

要求学员了解高压三相四线电能表各种错误接线方式，理解高压三相四线电能表发生错误接线原因，掌握高压三相四线电能表错误接线时如何进行检查、判断和处理。

【任务描述】

本任务主要讲解高压三相四线电能表电压缺相（失压）、电流缺相、电流反接（电流互感器极性反接）、电压互感器极性反接和电压互感器断线等错误接线的分析方法。

【任务实施】

通过测量表尾电参数，引导学员正确分析各种高压三相四线电能表错误接线问题，学会相量图分析方法。

【相关知识】

一、高压三相四线电能表简单故障分析

高压三相四线电能计量装置主要运行在 110kV 及以上电力系统，采用高供高计方式、Yy 接线，一般情况下都是高压互感器安装在变电设备区，电能表安装在控制室，互感器和电能表之间通过控制电缆连接。与其他计量方式一样，此装置在运行中可能出现电压缺相（失压）、电流缺相、电流反接（电流互感器极性反接）等接线故障。本模块主要介绍出现这些故障的检查、判断和处理。

1. 反相序

根据三相四线有功电能表的计量原理，正常情况应按正相序连接。当反相序连接时，有功电能表计量正确，但可能产生附加误差，属于不规范接线，但是无功电能表会反转（电子式多功能表则感性、容性电量记录位置交换）。

2. 电压异常

当测得三相电流正常、三相电压不正常时，可能是发生电压回路接触不良或断相，这在实际运行中属于常见故障。其主要原因是 TV 二次回路转接点较多，在标准设计中，监控装置会随时对 TV 二次电压进行监控。当出现失压、电压缺相时，监控机会发出报警提示，进行故障检修，但计量专用绕组回路一般没有电压监控装置，当电压回路发生故障时，可能不会及时获得报警提示（多功能表界面异常信息除外），一般会从月度电量数据中暴露出故障信息，计量人员应及时安排现场检查。

3. 电流缺相

技术分析方法可参考任务六中的"经 TA 接入的三相四线电能表错误接线实训"。实际接线中，电能计量装置电流会取自 TA 精度最高的专用绕组，而用于保护的绕组也是专用的，且相互独立。常见故障是电流试验端子或导线与端子接触不良。

4. 电流极性接反

类似故障分析与任务六中的"经 TA 接入的三相四线电能表错误接线实训"介绍的相同。检查故障主要的方法还是分析电能表元件相位关系。主要还是二次回路接线错误居多，一般在新投运后的带电检查即可发现并处理。

5. 电压、电流不对应

分析处理方法同上。

6. 案例分析

【例 1-5】 某高供高计电能计量装置，装有三相四线电能表，电流互感

器变比为 100/5A，电压互感器变比为 110/0.1kV，故障期间电能表起始
数为 1000，截止示数为 1200。功率因数为 0.966，请分析故障现象，给出
接线方式。

解 经实测，其电压、电流、相位数据如下：

U_1=57.7V	I_1=4.5A
U_2=57.7V	I_2=4.5A
U_3=57.7V	I_3=4.5A

U_{10}	U_{20}	U_{30}
100V	100V	0

相位角	$\dot{U}_2$	$\dot{U}_3$	$\dot{I}_1$	$\dot{I}_2$	$\dot{I}_3$
$\dot{U}_1$	120°	240°	96°	36°	156°

（1）画出电压相量图。由测量数据 U_1=57.7V、U_2=57.7V、U_3=57.7V、
I_1=4.5A、I_2=4.5A、I_3=4.5A，可知三相电压、电流基本对称，没有断线；
由 $\dot{U}_1$ 超前 $\dot{U}_2$ 120°，可确定 $\dot{U}_1\dot{U}_2\dot{U}_3$ 为正相序。电压相量图如图 1-67 所示。

（2）画出电流相量图。根据 $\dot{U}_1$ 超前 $\dot{I}_1$、$\dot{I}_2$、$\dot{I}_3$ 的角度，在相量图上分
别画出 $\dot{I}_1$、$\dot{I}_2$、$\dot{I}_3$。电流相量图如图 1-68 所示。

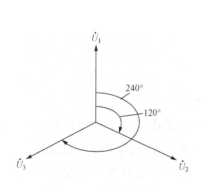

图 1-67 电压相量图

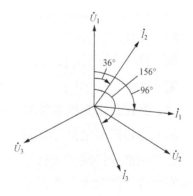

图 1-68 电流相量图

（3）判定电压相别。由 $U_{30}=0$，可确定 U_3 为 A 相，又因为 $\dot{U}_1\dot{U}_2\dot{U}_3$ 为正相序，可以判定 $\dot{U}_1=\dot{U}_B$，$\dot{U}_2=\dot{U}_C$，$\dot{U}_3=\dot{U}_A$。相量图如图 1-69 所示。

（4）判定电流相别。由相量图可知，$\dot{I}_2$ 滞后 $\dot{U}_1$ 的角度与负荷功率因数相符合，可判定 $\dot{I}_2$ 与 $\dot{U}_1$ 同相，所以 $\dot{I}_2=\dot{I}_b$；同理可判定 $\dot{I}_3=\dot{I}_c$。将 $\dot{I}_1$ 反相画出，$-\dot{I}_1$ 滞后 $\dot{U}_3$ 的角度与负荷功率因数相符合，可判定 $-\dot{I}_1$ 与 $\dot{U}_3$ 同相，所以 $-\dot{I}_1=\dot{I}_a$，即 $\dot{I}_1=-\dot{I}_a$。相量图如图 1-70 所示。

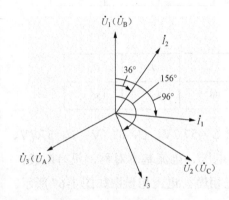

图 1-69　判定电压相别　　　　　　图 1-70　判定电流相别

（5）电能表的接线方式。

第一元件：$[\dot{U}_B,-\dot{I}_a]$；

第二元件：$[\dot{U}_C,\dot{I}_b]$；

第三元件：$[\dot{U}_A,\dot{I}_c]$。

二、高压三相四线电能表复杂故障分析

高压三相四线电能计量装置在运行中可能出现许多种故障现象，上面仅讨论了电能表接线错误的问题，没有涉及电压互感器极性反接和电压互感器断线等接线故障，本部分主要介绍包含电压互感器极性反接和断线等情况的检查、判断和处理。

1. TV 一次侧断线（见图 1-71）

（1）当 A 相一次侧断线时，一次、二次侧都缺少了一相电压，二次 a 相绕组无感应电势，此时 a 点和 n 点等电位，即 $U_a=0$，与 A 相有关的两个线电压 U_{ab} 和 U_{ac} 均降为 57.7V（相电压），$U_{bc}=100$V 不变。

（2）当 B 相一次断线时，$U_{ac}=100$V，$U_{ab}=57.7$V，$U_{bc}=57.7$V。

（3）当 C 相一次断线时，$U_{ab}=100$V，$U_{bc}=57.7$V，$U_{ac}=57.7$V。

2. TV 二次侧断线（见图 1-72）

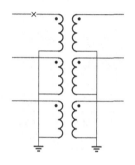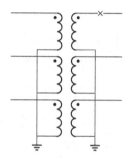

图 1-71　TV 一次侧断线　　　　　图 1-72　TV 二次侧断线

（1）当 A 相二次侧断线时，因 a 相断线，ab、ac 相构不成通路，故 $U_{ab}=0$，$U_{ca}=0$，而 bc 间为正常电压回路，故 $U_{bc}=100$V。

（2）当 B 相二次侧断线时，$U_{ca}=100$V，$U_{ab}=0$，$U_{bc}=0$。

（3）当 C 相二次侧断线时，$U_{ab}=100$V，$U_{bc}=0$，$U_{ca}=0$。

3. TV 二次侧极性反接

当 TV A 相二次侧极性反接时，接线图如图 1-73 所示。其相量图如图 1-74 所示。

根据相量图可知，Yy0 接线时：

（1）当 TV A 相二次侧极性反接时，$U_{bc}=100$V，$U_{ab}=U_{ca}=100/\sqrt{3}=57.7$V。

（2）当 TV B 相二次侧极性反接时，$U_{ca}=100$V，$U_{ab}=U_{bc}=100/\sqrt{3}=57.7$V。

（3）当 TV C 相二次侧极性反接时，$U_{ab}=100$V，$U_{bc}=U_{ca}=100/\sqrt{3}=57.7$V。

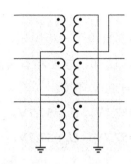

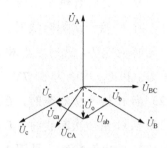

图 1-73　TV 二次侧极性反接　　　图 1-74　TV 二次侧极性反接相量图

【例 1-6】　某用户采用三相四线制高压供电，负荷平均功率因数大于 0.8（感性负荷），表尾测试数据如下，试分析电能表接线是否正确？

$U_1=0$	$I_1=2.5\text{A}$
$U_2=57.7\text{V}$	$I_2=2.5\text{A}$
$U_3=57.7\text{V}$	$I_3=2.5\text{A}$

U_{12}	U_{23}	U_{31}
57.7V	100V	57.7V

解　由于 $U_1=0$，且与 U_1 相关的线电压变为 57.7V，因此可判定 U_1 相接的电压互感器一次侧断线。

【例 1-7】　某用户采用三相四线制高压供电，负荷平均功率因数大于 0.8（感性负荷），表尾测试数据如下，试分析电能表接线是否正确？

$U_1=0$	$I_1=2.5\text{A}$
$U_2=57.7\text{V}$	$I_2=2.5\text{A}$
$U_3=57.7\text{V}$	$I_3=2.5\text{A}$

U_{12}	U_{23}	U_{31}
0	100V	0

解　由于 $U_1=0$，且与 U_1 相关的线电压变为 0，因此可判定 U_1 相接的电压互感器二次侧断线。

【例 1-8】　某用户采用三相四线制高压供电，负荷平均功率因数大于 0.8（感性负荷），表尾测试数据如下，试分析电能表接线是否正确？

U_1=57.7V	I_1=2.5A
U_2=57.7V	I_2=2.5A
U_3=57.7V	I_3=2.5A

U_{12}	U_{23}	U_{31}
57.7V	57.7V	100V

解 由于没有出现相电压为 0 的情况，因此可以判定没有断线发生，但与 U_2 对应的线电压变为 57.7V，可判定与第二个电压元件相连的电压互感器二次极性反接。

任务八 三相三线电能表错误接线检查常用 分析方法与步骤

【教学目标】

要求学员了解三相三线电能表错误接线方式，熟悉三相三线电能表错误接线检查方法，掌握具体测量与操作步骤，并使学员对用力矩法与相量图法分析错误接线有全面的了解。

【任务描述】

本任务主要讲解三相三线电能表错误接线方式以及用力矩法和相量图法分析的方法与步骤。

【任务实施】

通过讲述三相三线电能表错误接线方式，引导学员理解错误接线检查方法（力矩法、相量图法），重点掌握相量图法分析的方法与步骤。

【相关知识】

在66kV及以下小电流接地系统的高压回路，特别是10kV计量回路中，经常采用 Vv 接线方式。因此，三相三线有功电能表使用较多。这种类型的计量方式，其错误接线的种类较多，往往不易判断，因此我们首先对三相三线电能表的接线进行分析。

我们知道，接到电能表对应的三个电压端子的三相电压顺序有以下 6 种可能：

（1）正相序三种：a—b—c，b—c—a，c—a—b；

（2）逆相序三种：a—c—b，b—a—c，c—b—a。

对每只电能表电流线圈来说，通入的电流只有以下 4 种可能：$\dot{I}_a$；$-\dot{I}_a$；$\dot{I}_c$；$-\dot{I}_c$。

两个电流线圈有以下 8 种电流组合：$\dot{I}_a$、$\dot{I}_c$；$\dot{I}_a$、$-\dot{I}_c$；$-\dot{I}_a$、$\dot{I}_c$；$-\dot{I}_a$、$-\dot{I}_c$；$\dot{I}_c$、$\dot{I}_a$；$\dot{I}_c$、$-\dot{I}_a$；$-\dot{I}_c$、$\dot{I}_a$；$-\dot{I}_c$、$-\dot{I}_a$。

6 组电压、8 组电流共可以组成 48 种接线方式。在这 48 种接线方式中，只有一种接线方式是正确的。根据不同的接线方式，画出相量图，写出功率表达式，来判断接线是否正确。

如果三相三线有功电能表的正确接线方式为 $[\dot{U}_{ab}, \dot{I}_a]$ 和 $[\dot{U}_{cb}, \dot{I}_c]$，电压相序为 a—b—c，通入的电流为 $\dot{I}_a$、$\dot{I}_c$，如图 1-75 所示。

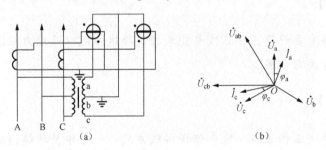

图 1-75　三相三线有功电能表的正确接线图和相量图

（a）接线图；（b）相量图

如果 a 相电流回路有错误接线，误将 $-\dot{I}_a$ 接入第一元件的电流线圈，如图 1-76（a）所示。

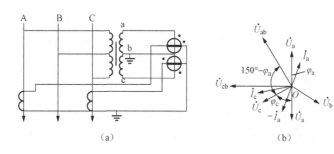

图 1-76　A 相电流接反时的错误接线图和相量图

（a）接线图；（b）相量图

根据其接线方式和相量图，得到的功率表达式如下

$$P = U_{ab}I_a\cos(150° - \varphi_a) + U_{cb}I_c\cos(30° - \varphi_c)$$
$$= UI[-\cos(30° + \varphi_c) + \cos(30° - \varphi_c)]$$
$$= UI\sin\varphi$$

显然在错误接线下，表计测得的功率值不是正比于三相电路中的有功功率值。

在三相四线电能计量装置检查分析方法中，我们介绍了实负荷比较法、逐相检查法、电压电流法和相量图法。三相三线检查分析中将为大家介绍力矩法，并结合高压三相三线电能计量装置的接线特点进一步探讨相量图法的应用。

一、力矩法

力矩法就是有意将电能表原来接线改动后，观察电能表转盘转动速度或转相（电子式电能表观察脉冲闪烁频率和潮流方向），以判断接线是否正确，它是高压三相三线电能表接线常用的检查方法。

1. 断开 B 相电压

图 1-77 所示为三相三线有功电能表断开 B 相电压的接线图和相量图，此时电能表第一元件接入 $\left(\dfrac{1}{2}\dot{U}_{ac}, \dot{I}_a\right)$，第二元件接入 $\left(\dfrac{1}{2}\dot{U}_{ca}, \dot{I}_c\right)$。三相电能

表反映的功率为

$$P' = P_1' + P_2' = \frac{1}{2}U_{ac}I_a\cos(30° - \varphi_a) + \frac{1}{2}U_{ca}I_c\cos(30° + \varphi_c)$$

$$= \frac{1}{2}(\sqrt{3}UI\cos\varphi) = \frac{1}{2}P$$

由上式可知，断开 B 相电压后，电能表的转速若为原转速的一半（或脉冲发生的速率减少一半），说明原来的电能表接线是正确的。

实际运用中，当三相电压、电流对称平衡时，先测定电能表转 N 转所需要的时间 T_0，然后断开 B 相电压，再测定电能表转 N 转所需要的时间 T，只要 $T \approx 2T_0$，则表明接线正确。

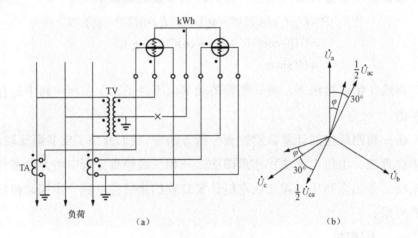

图 1-77　三相三线有功电能表断开 B 相电压的接线图和相量图

(a) 接线图；(b) 相量图

2. A、C 相电压交叉法

将电能表的电压进线 A、C 相位置交换，如图 1-78 所示，此时电能表第一元件接入（U_{cb}, I_a），第二元件接入（U_{ab}, I_c）。三相电能表反映的功率为

$$P' = P_1' + P_2' = U_{cb}I_a\cos(90° + \varphi_a) + U_{ab}I_c\cos(90° - \varphi_c) = 0$$

可见，A、C 相电压进线位置交换后，若有功电能表停走，说明原来的接线正确。

考虑到三相电压和电流不可能完全对称，负荷也会波动，断 B 相电压和 A、C 相电压交换，属于趋势判断，允许有一定偏差。在三相负荷极端不平衡且波动较大时，此法不准确。

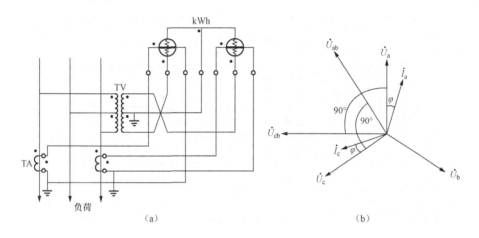

图 1-78　Vv 接线电能表 A、C 相电压交叉
（a）接线图；（b）相量图

二、相量图法

相量图法就是通过测量与功率相关量值来比较电压、电流相量关系，从而判断确定接到电能表中的究竟是什么电压？什么电流？

1. 相量图法的适用条件

（1）电压基本对称。

（2）电压、电流比较稳定。

（3）已知负荷性质（感性或容性）。

2. 相量图法分析的具体步骤

（1）工作前准备（见表 1-8）。

表 1-8   **工 作 前 准 备**

步骤	内容	方　　法	目的（备注）
1	着装	穿工作服、绝缘鞋，戴安全帽、线手套	
2	三步式验电	（1）用验电笔先在带电的电源处验电。 （2）用验电笔在计量柜体外壳把手金属部分验电。 （3）用验电笔再次在带电的电源处验电	第（1）步检查验电笔是否完好。 第（2）步检查计量柜体是否带电。 第（3）步确保验电笔完好。 （即可说明计量柜体不带电）
3	相位伏安表检查	（1）检查表内电池电压。当显示器右端出现电池符号"＋－"时，电池电压低于 7.5V，应更换电池。 （2）360°校准。如果表计显示不是 360°，则应调整相位校准电位器 W，使之显示值为 360°	确保测量数据准确，误差在允许范围内

（2）测量、分析（见表 1-9）。

表 1-9   **测 量 、 分 析**

步骤	内容	方　　法	目的（备注）
1	测量电压	（1）测量相电压 U_1、U_2、U_3。 （2）测量线电压 U_{12}、U_{23}、U_{31}	（1）对于 Vv 接线的 TV，二次回路 b 相接地，即 $U_{b0}=0$。通过测量三相对地电压，可判定出 b 相。 （2）判定 TV 是否存在断线和二次极性是否反接情况
2	测量电流	选电流测量挡位，用相位表卡钳测量 I_1、I_2	
3	测量电压相位（确定相序）	以 $\dot{U}_{12}$ 为参考相量，测量 $\dot{U}_{12}$ 与 $\dot{U}_{32}$ 之间的相位角，并判定相序	如果 $\dot{U}_{12}$ 超前 $\dot{U}_{32}$ 300°，说明为正相序；如果 $\dot{U}_{12}$ 超前 $\dot{U}_{32}$ 60°，说明为逆相序
4	测量 $\dot{U}_{12}$ 与 $\dot{I}_1$、$\dot{I}_2$ 之间的相位角	以 $\dot{U}_{12}$ 为参考相量，测量 $\dot{U}_{12}$ 超前 $\dot{I}_1$，$\dot{I}_2$ 的角度	根据测量的角度找出 $\dot{I}_1$、$\dot{I}_2$ 在相量图中的位置

电能计量装置接线检查

步骤	内容	方　　法	目的（备注）
5	绘制错误接线相量图	根据电压、电流之间的相位关系绘制相量图	判定错误接线方式：根据电源电压永远是正相序的，则从基准相顺时针往后的电压分别是 $\dot{U}_A$、$\dot{U}_B$、$\dot{U}_C$。根据"三符合"原则确定 $\dot{I}_A$、$\dot{I}_C$
6	判定错误接线结论并进行接线更正	第一元件：$[\dot{U}_{12}，\dot{I}_1]$；第二元件：$[\dot{U}_{32}，\dot{I}_2]$	判定表尾电压、电流接入方式；表尾电流反接相；TA 二次极性反接相
7	绘制错误接线电路图	先画出各元件电压、电流线引线及 TA、TV 连线引线，然后再根据错误接线结论加以完善	
8	写出错误接线下的功率表达式	$P'=P_1'+P_2'$（$P=UI\cos\varphi$）	φ 为对应元件电压电流相量的夹角。角度查找——特殊角与 φ 关系
9	计算更正系数	$G_x=\dfrac{P}{P'}$	P 为正确接线功率表达式，P'为错误接线功率表达式（最简式）。计算结果保留 4 位小数
10	计算退补电量	$\Delta W=(G_x-1)\,W'$	W' 为错误接线期间抄见电量（kWh）

任务九　三相三线电能表 TA 极性反接错误接线检查实训

【教学目标】

要求学员全面了解用相量图法分析 TA 极性反接时的三相三线电能表错误接线的步骤及方法，对各种错误接线有全面的了解。

【任务描述】

本任务以举例讲解相量图法方式，分析 TA 极性反接时的三相三线电能表错误接线的步骤及方法，判断电压和电流相别及接线方式。

【任务实施】

通过测量表尾电参数，引导学员掌握相量图法分析 TA 极性反接时的三相三线电能表错误接线的步骤及方法。

【相关知识】

一、参考电压确定

根据三相三线计量装置标准接线图可知，电压互感器二次侧 b 相接地，因此，用相位伏安表分别测量 U_1、U_2、U_3 三端和接地端之间的电压 $U_{10}U_{20}U_{30}$，即可判定电压为 0 的相应端为 b 相电压端。

例如测量结果见表 1-10，可判定 U_1 为 b 相电压。

二、各元件电压相序测定

测量 $\dot{U}_{12}$ 超前 $\dot{U}_{32}$ 的角度，正相序时 $\dot{U}_{12}$ 超前 $\dot{U}_{32}$ 300°，逆相序时 $\dot{U}_{12}$ 超前 $\dot{U}_{32}$ 60°。据此可判别各元件电压 $\dot{U}_1\dot{U}_2\dot{U}_3$ 的相序。

例如测量结果见表 1-11，可判定 $\dot{U}_1\dot{U}_2\dot{U}_3$ 为逆相序。

表 1-10　测量电压

U_{10}	U_{20}	U_{30}
0	100V	100V
$\dot{U}_b=\dot{U}_1$		

表 1-11　测量相角与相序

相角与相序	$\dot{U}_{32}$
$\dot{U}_{12}$	60°
相序	逆相序

三、根据参考电压和相序确定电压相别

根据以上测量结果，确定 $\dot{U}_1=\dot{U}_b$ 及 $\dot{U}_1\dot{U}_2\dot{U}_3$ 为逆相序，从而确定 $\dot{U}_2=\dot{U}_a$，$\dot{U}_3=\dot{U}_c$。

四、用相位伏安表测量各元件电流与电压的相位关系

用三相三线计量装置分别测量 $\dot{U}_1$ 超前 $\dot{I}_1$、$\dot{I}_2$ 的角度，根据测量结果

画出相量图。

五、判定电压和电流相别及接线方式

【例 1-9】 某用户为感性负载，功率因数大于 0.8，三相三线电能表表尾测量数据如下：

U_{10}	U_{20}	U_{30}
0	100V	100V

相位角	$\dot{U}_{32}$	$\dot{I}_1$	$\dot{I}_2$
$\dot{U}_{12}$	300°	350°	290°

解 根据测量结果，画出相量图如图 1-79 所示。

三相三线接线的分析：根据 $U_{10}=0$ 可判定 $\dot{U}_1=\dot{U}_b$，根据 $\dot{U}_{12}$ 超前 $\dot{U}_{32}$ 300°，可判定 $\dot{U}_1\dot{U}_2\dot{U}_3$ 为正相序，所以 $\dot{U}_2=\dot{U}_c$，$\dot{U}_3=\dot{U}_a$。由于 $\dot{I}_2$ 滞后 $\dot{U}_3(\dot{U}_a)$ 的角度符合随相关系，因此可判定 $\dot{I}_2=\dot{I}_a$。将 $\dot{I}_1$ 反相画出得 $-\dot{I}_1$，由于 $-\dot{I}_1$ 滞后 $\dot{U}_2(\dot{U}_c)$ 的角度符合随相关系，因此可判定 $-\dot{I}_1=\dot{I}_c$，即 $\dot{I}_1=-\dot{I}_c$。所以，接线方式中第一元件为 $[\dot{U}_{bc},-\dot{I}_c]$，第二元件为 $[\dot{U}_{ac},\dot{I}_a]$，如图 1-80 所示。

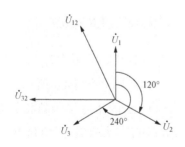

图 1-79 相量图

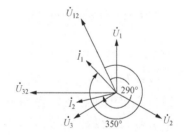

图 1-80 分析结果

【例 1-10】 某用户采用三相三线制供电，负荷平均功率因数大于 0.8（感性负荷），表尾测试数据如下，试分析电能表接线是否正确？

U_{10}	U_{20}	U_{30}	I_1	I_2
100V	0	100V	1.5A	1.5A

U_{12}	U_{23}	U_{31}
100V	100V	100V

相位角	$\dot{U}_{32}$	$\dot{I}_1$	$\dot{I}_2$
$\dot{U}_{12}$	300°	111°	51°

解 （1）画出电压相量图。由测量数据 $U_{12}=100V$、$U_{23}=100V$、$U_{31}=100V$、$I_1=1.5A$、$I_2=1.5A$，可知三相电压、电流基本对称，没有断线；由 $\dot{U}_{12}$ 超前 $\dot{U}_{32}$ 300°，可确定 $\dot{U}_1\dot{U}_2\dot{U}_3$ 为正相序。电压相量图如图 1-81 所示。

（2）画出电流相量图。根据 $\dot{U}_{12}$ 超前 $\dot{I}_1$、$\dot{I}_2$ 的角度，在相量图上分别画出 $\dot{I}_1$、$\dot{I}_2$。电流相量图如图 1-82 所示。

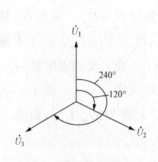

图 1-81 电压相量图

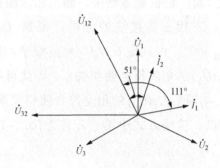

图 1-82 电流相量图

（3）判定电压相别。由 $U_{20}=0$，可确定 U_2 为 b 相，又因为 $\dot{U}_1\dot{U}_2\dot{U}_3$ 为正相序，可以判定 $\dot{U}_1=\dot{U}_a$，$\dot{U}_2=\dot{U}_b$，$\dot{U}_3=\dot{U}_c$。相量图如图 1-83 所示。

（4）判定电流相别。由相量图可知，$\dot{I}_2$ 滞后 $\dot{U}_1$ 的角度符合随相关系，可判定 $\dot{I}_2$ 与 $\dot{U}_1$ 同相，所以 $\dot{I}_2=\dot{I}_a$。将 $\dot{I}_1$ 反相画出，$-\dot{I}_1$ 滞后 $\dot{U}_3$ 的角度符合随相关系，可判定 $-\dot{I}_1$ 与 $\dot{U}_3$ 同相，所以 $-\dot{I}_1=\dot{I}_c$，即 $\dot{I}_1=-\dot{I}_c$。相量图如图 1-84 所示。

（5）电能表的接线方式。

第一元件：$[\dot{U}_{ab},-\dot{I}_c]$；

第二元件：$[\dot{U}_{cb},\dot{I}_a]$。

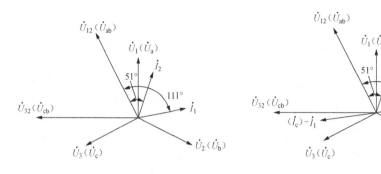

图 1-83　判定电压相别　　　　　图 1-84　判定电流相别

即表尾电压接入方式为 abc，表尾电流接入方式为 $\dot{I}_c\dot{I}_a$，第一元件电流进出线接反。

【例 1-11】 某用户采用三相三线制供电，负荷平均功率因数大于 0.8（感性负荷），表尾测试数据如下，试分析电能表接线是否正确？

U_{10}	U_{20}	U_{30}	I_1	I_2
100V	100V	0	2.5A	2.5A

U_{12}	U_{23}	U_{31}
100V	100V	100V

相位角	$\dot{U}_{32}$	$\dot{I}_1$	$\dot{I}_2$
$\dot{U}_{12}$	60°	172°	232°

解 （1）画出电压相量图。由测量数据 U_{12}=100V、U_{23}=100V、U_{31}=100V、I_1=2.5A、I_2=2.5A，可知三相电压、电流基本对称，没有断线；由 $\dot{U}_{12}$ 超前 $\dot{U}_{32}$ 60°，可确定 $\dot{U}_1\dot{U}_2\dot{U}_3$ 为逆相序。电压相量图如图 1-85 所示。

（2）画出电流相量图。根据 $\dot{U}_{12}$ 超前 $\dot{I}_1$、$\dot{I}_2$ 的角度，在相量图上分别画出 $\dot{I}_1$、$\dot{I}_2$。电流相量图如图 1-86 所示。

（3）判定电压相别。由 U_{30}=0，可确定 $\dot{U}_3$ 为 b 相，又因为 $\dot{U}_1\dot{U}_2\dot{U}_3$ 为逆相序，可以判定 $\dot{U}_1=\dot{U}_a$，$\dot{U}_2=\dot{U}_c$，$\dot{U}_3=\dot{U}_b$。相量图如图 1-87 所示。

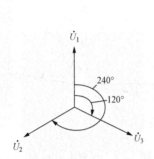

图 1-85　电压相量图

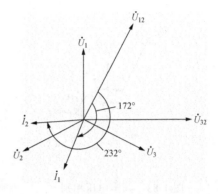

图 1-86　电流相量图

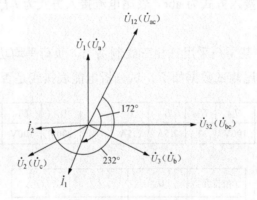

图 1-87　判定电压相别

（4）判定电流相别。由相量图可知，$\dot{I}_2$ 滞后 $\dot{U}_2$ 的角度符合随相关系，可判定 $\dot{I}_2$ 与 $\dot{U}_2$ 同相，所以 $\dot{I}_2 = \dot{I}_c$。将 $\dot{I}_1$ 反相画出，$-\dot{I}_1$ 滞后 $\dot{U}_1$ 的角度符合随相关系，可判定 $-\dot{I}_1$ 与 $\dot{U}_1$ 同相，所以 $-\dot{I}_1 = \dot{I}_a$，即 $\dot{I}_1 = -\dot{I}_a$。相量图如图 1-88 所示。

（5）电能表的接线方式。

第一元件：$[\dot{U}_{ac}, -\dot{I}_a]$；

第二元件：$[\dot{U}_{bc}, \dot{I}_c]$。

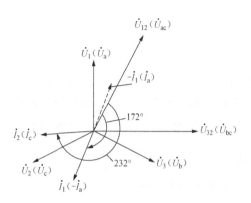

图 1-88　判定电流相别

即表尾电压接入方式为 acb，表尾电流接入方式为 $i_a i_c$，第一元件电流进出线接反。

任务十　三相三线电能表 TV 极性反接错误接线检查实训

【教学目标】

要求学员掌握运用相量图法分析 TV 极性反接时的三相三线电能表错误接线的步骤及方法，并熟悉原理接线图与相量图。

【任务描述】

本任务主要讲解相量图法分析 TV 极性反接时的三相三线电能表错误接线的步骤及方法。

【任务实施】

通过讲解三相三线电能表 TV 极性反接时的错误接线情况，引导学员掌握相量图法分析 TV 极性反接时的三相三线电能表错误接线的步骤及方法。

【相关知识】

一、相量图分析

电压互感器为 Vv 接线，若 TV 二次 A 相极性反接时，由图 1-89（a）所示，得到二次绕组 b 的同名端与一次绕组 A 的同名端相对应。

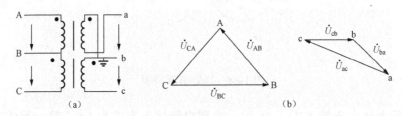

图 1-89　二次 ab 极性反接时的接线图和相量图
（a）接线图；（b）相量图

二次电压 $\dot{U}_{ba}$ 与一次电压 $\dot{U}_{ab}$ 相对应，且 $\dot{U}_{ab} = -\dot{U}_{ba}$，此时 $\dot{U}_{ab}$ 与正确接线时方向相反，画出反向的 $\dot{U}_{ab}$，如图 1-89（b）所示。连接 ac 即得 $\dot{U}_{ca}$，同样组成了一个头尾相连的闭合三角形，此时的 $U_{ca}=173V$，$U_{ab}=U_{cb}=100V$。

同理，可画出当 TV 二次 C 相极性反接时的相量图，画出反向的 $\dot{U}_{bc}$，然后连接 a、c 即得 $\dot{U}_{ca}$，此时的 $U_{ca}=173V$，$U_{ab}=U_{bc}=100V$。

当两个互感器都反接时，如图 1-90 所示，得到 $U_{ab}=U_{bc}=U_{ca}=100V$。

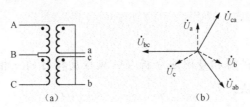

图 1-90　两个互感器二次接线都反接时的接线图和相量图
（a）接线图；（b）相量图

表 1-12 列出了用两只单相电压互感器造成 Vv 接线时，极性反接的相量图和线电压。

表 1-12　　　　　　　　　　Vv 接线极性反接的相量图和线电压

序号	极性反接相别	接线图	相量图	二次线电压
1	A 相极性反接			U_{ab}=100V； U_{bc}=100V； U_{ca}=173V
2	C 相极性反接			U_{ab}=100V； U_{bc}=100V； U_{ca}=173V
3	A、C 相极性均反接			U_{ab}=100V； U_{bc}=100V； U_{ca}=100V

二、错误接线分析步骤

1. 工作前准备（见表 1-13）

表 1-13　　　　　　　　　　工 作 前 准 备

步骤	内容	方　　法	目的（备注）
1	着装	穿工作服、绝缘鞋，戴安全帽、线手套	
2	三步式验电	（1）用验电笔先在带电的电源处验电。 （2）用验电笔在计量柜体外壳把手金属部分验电。 （3）用验电笔再次在带电的电源处验电	第（1）步检查验电笔是否完好。 第（2）步检查计量柜体是否带电。 第（3）步确保验电笔完好。 （即可说明计量柜体不带电）
3	相位伏安表检查	（1）检查表内电池电压。当显示器右端出现电池符号"+－"时，电池电压低于 7.5V，应更换电池。 （2）360°校准。如果表计显示不是 360°，则应调整相位校准电位器 W，使之显示值为 360°	确保测量数据准确，误差在允许范围内

2. 测量、分析（见表1-14）

表1-14 测 量、分 析

步骤	内容	方 法	目的（备注）
1	测量电压	（1）测量相电压 U_1、U_2、U_3。 （2）测量线电压 U_{12}、U_{23}、U_{31}。	（1）对于 Vv 接线的 TV，二次回路 b 相接地，即 $U_{b0}=0$。通过测量三相对地电压，可判定出 b 相。 （2）判定 TV 是否存在断线和二次极性是否接反情况
2	测量电流	选电流测量挡位，用相位表卡钳测量 I_1、I_2	
3	测量电压相位（确定相序）	以 $\dot{U}_{12}$ 为参考相量，测量 $\dot{U}_{12}$ 与 $\dot{U}_{32}$ 之间的相位角，并判定相序。 如果测量 $\dot{U}_{12}$ 与 $\dot{U}_{32}$ 的相位角为 30°、120°、240°、330° 之一时，说明存在电压互感器极性反接。 （1）如果测试中的 B 相不在中间，当 $\dot{U}_{12}$ 超前 $\dot{U}_{32}$ 30° 时为正相序，当 $\dot{U}_{12}$ 超前 $\dot{U}_{32}$ 330° 时为逆相序。	

步骤	内容	方 法	目的（备注）
3	测量电压相位（确定相序）	（2）如果测试中的 B 相在中间，当 $\dot{U}_{12}$ 超前 $\dot{U}_{32}$ 120° 时为正相序，当 $\dot{U}_{12}$ 超前 $\dot{U}_{32}$ 240° 时为逆相序	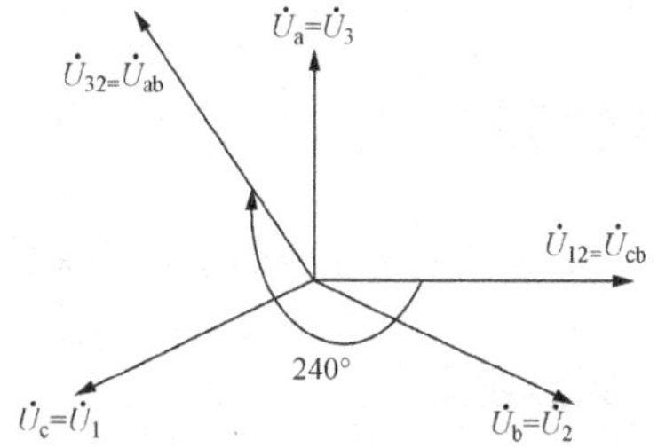
4	测量 $\dot{U}_{12}$ 与 $\dot{I}_1$、$\dot{I}_2$ 之间的相位角	以 $\dot{U}_{12}$ 为参考相量，测量 $\dot{U}_{12}$ 超前 $\dot{I}_1$、$\dot{I}_2$ 的角度	根据测量的角度找出 $\dot{I}_1$、$\dot{I}_2$ 在相量图中的位置
5	绘制错误接线相量图	根据电压、电流之间的相位关系绘制相量图	判定错误接线方式：根据电源电压永远是正相序的，则从基准相顺时针往后的电压分别是 $\dot{U}_A$、$\dot{U}_B$、$\dot{U}_C$。根据"三符合"原则确定 $\dot{I}_A$、$\dot{I}_C$
6	判定错误接线结论并进行接线更正	第一元件：$[\dot{U}_{12},\ \dot{I}_1]$；第二元件：$[\dot{U}_{32},\ \dot{I}_2]$	判定表尾电压、电流接入方式；表尾电流反接相；TA 二次极性反接相
7	绘制错误接线电路图	先画出各元件电压、电流线引线及 TA、TV 连线引线，然后再根据错误接线结论加以完善	
8	写出错误接线下的功率表达式	$P'=P_1'+P_2'$ （$P=UI\cos\varphi$）	φ 为对应元件电压电流相量的夹角。角度查找——特殊角与 φ 角关系
9	计算更正系数	$G_x=\dfrac{P}{P'}$	P 为正确接线功率表达式，P' 为错误接线功率表达式（最简式）。计算结果保留 4 位小数
10	计算退补电量	$\Delta W=(G_x-1)\,W'$	W' 为错误接线期间抄见电量（kWh）

任务十一　错误接线更正系数与退补电量的计算

【教学目标】

要求学员掌握电能表错误接线时更正系数与退补电量的计算方法。

【任务描述】

本任务主要讲解电能表错误接线时更正系数与退补电量的计算方法。

【任务实施】

通过讲述电能表错误接线分析的目的,让学员明确电量更正的重要性。举例说明,引导学员掌握更正系数和退补电量的计算方法。

【相关知识】

错误接线将导致电能计量装置计量不准确,影响正常电费结算。因电费结算关系到供电企业的经济利益,故在进行电费结算时必须确保计量装置的准确性。

电能表错误接线分析的目的是通过推导计算电能表在错误接线期间所计电能与正确接线所计电能的差值,并依此进行退补,从而保障供用电双方的经济利益。

一、更正系数的概念

电量的更正是基于对错误接线的正确分析。因此,当发现错误接线后,应正确地测量相关电参数,绘制出错误接线相量图和错误接线电路图,同时进行功率因数测定(也可根据有功电能和无功电能计算平均功率因数),并通过电量分析等手段,找出错误接线发生的时间,准确地进行电量更正计算。

更正系数 G_X 是指在同一功率因数下，电能表正确接线应计电量 W_0 与错误接线时电能表所计电量 W 之比，即 $G_X = W_0 / W$。

更正系数 G_X 乘以错误接线时电能表所计电量 W 即为实际电能值 W_0。

设正确计量时的功率为 P_0，错误接线计量时的功率为 P，发生错误接线的时间为 t，则 $W_0 = P_0 t$，$W = Pt$。所以

$$G_X = \frac{P_0 t}{Pt} = \frac{P_0}{P}$$

即更正系数也等于电能表正确接线时的功率 P_0 与错误接线时的功率 P 之比。

二、更正系数与退补电量的计算

错误接线时电能表的功率按元件计算，每一元件实际所接电压、电流及电压与电流间夹角余弦的乘积即为该元件的功率，将各元件功率相加即可得到总功率。

三相三线： $P = P_1 + P_2 = U_1 I_1 \cos(\dot{U_1} \widehat{} \dot{I_1}) + U_2 I_2 \cos(\dot{U_2} \widehat{} \dot{I_2})$

$P_0 = \sqrt{3} UI \cos\varphi$

更正系数： $G_X = \dfrac{P_0}{P} = \dfrac{\sqrt{3} UI \cos\varphi}{U_1 I_1 \cos(\dot{U_1} \widehat{} \dot{I_1}) + U_2 I_2 \cos(\dot{U_2} \widehat{} \dot{I_2})}$

三相四线： $P = P_1 + P_2 + P_3 = U_1 I_1 \cos(\dot{U_1} \widehat{} \dot{I_1}) + U_2 I_2 \cos(\dot{U_2} \widehat{} \dot{I_2})$
$+ U_3 I_3 \cos(\dot{U_3} \widehat{} \dot{I_3})$

$P_0 = 3 UI \cos\varphi$

更正系数： $G_X = \dfrac{P_0}{P} = \dfrac{3 UI \cos\varphi}{U_1 I_1 \cos(\dot{U_1} \widehat{} \dot{I_1}) + U_2 I_2 \cos(\dot{U_2} \widehat{} \dot{I_2}) + U_3 I_3 \cos(\dot{U_3} \widehat{} \dot{I_3})}$

更正系数 $G_X > 0$ 时，电能表正转；$G_X < 0$ 时，电能表反转；$G_X = 0$ 时，电能表停转；$0 < G_X < 1$ 时，$W_0 < W$，电能表正转，转快了；$G_X > 1$ 时，$W_0 > W$，电能表正转，转慢了。

三、举例说明

【**例 1-12**】 有一电能表错误接线方式为 $(\dot{U}_{ab}, -\dot{I}_c),(\dot{U}_{cb}, \dot{I}_a)$，若平均功率因数为 0.8（L），求更正系数 G_X。

解 （1）错接线分析。由图 1-91（a）可知，元件 1 所加电压为 $\dot{U}_{ab}$，所加电流为 $-\dot{I}_c$（反极性）。元件 2 所加电压为 $\dot{U}_{cb}$，所加电流为 $\dot{I}_a$。三相电压相序为 abc。

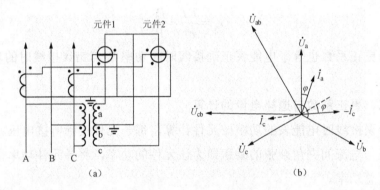

图 1-91 ［例 1-12］的图
（a）接线原理图；（b）相量图

（2）绘制相量图。

1）绘制三相相电压相量 $\dot{U}_a$、$\dot{U}_b$、$\dot{U}_c$。三相电压 $\dot{U}_a$、$\dot{U}_b$、$\dot{U}_c$ 为大小相等、顺时针旋转互差 120°的一组相量，如图 1-91（b）所示。

2）绘出元件 1 上的电压 $\dot{U}_{ab}$ 和元件 2 上的电压 $\dot{U}_{cb}$。其中 $\dot{U}_{ab} = \dot{U}_a + \dot{U}_b$，是从 a 指向 b 的电压相量；$\dot{U}_{cb} = \dot{U}_c + \dot{U}_b$，是从 c 指向 b 的电压相量。

3）绘出元件 1 的电流 $-\dot{I}_c$，元件 1 上的电流 $\dot{I}_c$ 滞后 $\dot{U}_c$ 一个 φ 角，$-\dot{I}_c$ 则为 $\dot{I}_c$ 的反方向。元件 1 上的电压 $\dot{U}_{ab}$ 与电流 $-\dot{I}_c$ 的夹角应为（90°+φ）（见图 1-91 中虚线）。

4）绘制元件 2 的电流 $\dot{I}_a$，$\dot{I}_a$ 应滞后 $\dot{U}_a$ 一个 φ 角。元件 2 上的电压 $\dot{U}_{cb}$ 与电流 $\dot{I}_a$ 的夹角应为（90°+φ）。

（3）写出错误接线时的功率表达式

$$P = P_1 + P_2 = U_{ab}I_c \cos(90° + \varphi) + U_{cb}I_a \cos(90° + \varphi)$$

在三相对称情况下，有 $U_{ab}=U_{cb}=U$，$I_a=I_c=I$。

则上式可改写为

$$P = UI\cos(90° + \varphi) + UI\cos(90° + \varphi)$$
$$= -2UI\sin\varphi$$

（4）更正系数为 $G_X = \dfrac{P_0}{P} = \dfrac{\sqrt{3}UI\cos\varphi}{-2UI\sin\varphi} = -\dfrac{\sqrt{3}}{2\tan\varphi}$。

题目给定 $\cos\varphi=0.8$，故 $\sin\varphi=0.6$，$\tan\varphi=0.75$，代入上式中，可得

$$G_X = -\frac{\sqrt{3}}{2\tan\varphi} = -\frac{\sqrt{3}}{2 \times 0.75} = -1.1547$$

因 $G_X<0$，故说明该电能表反转。

【例 1-13】 三相三线有功电能表的接线原理图如图 1-92 所示，功率因数为 0.8（L），求更正系数 G_X。

解 详细分析过程请参阅［例 1-12］分析方法，这里不再重复分析过程。

由接线原理图可知，$\dot{U}_1 = \dot{U}_{ab}, \dot{U}_2 = \dot{U}_{cb}, \dot{I}_1 = -\dot{I}_a, \dot{I}_2 = \dot{I}_c$，该电能表错误接线方式为 $(\dot{U}_{ab}, -\dot{I}_a),(\dot{U}_{cb}, \dot{I}_c)$，可画出相量图如图 1-93 所示。

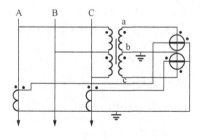

图 1-92 接线原理图

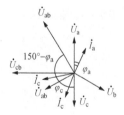

图 1-93 相量图

电能表错误接线时功率表达式为

$$P = P_1 + P_2 = U_{ab}I_a \cos(\dot{U}_{ab}, -\dot{I}_a) + U_{cb}I_c \cos(\dot{U}_{cb}, \dot{I}_c)$$

$$= UI\cos(150° - \varphi) + UI\cos(30° - \varphi)$$

$$= UI(\cos150°\cos\varphi + \sin150°\sin\varphi) + UI(\cos30°\cos\varphi + \sin30°\sin\varphi)$$

$$= UI\left(-\frac{\sqrt{3}}{2}\cos\varphi + \frac{1}{2}\sin\varphi\right) + UI\left(\frac{\sqrt{3}}{2}\cos\varphi + \frac{1}{2}\sin\varphi\right) = UI\sin\varphi$$

则更正系数为

$$G_X = \frac{P_0}{P} = \frac{\sqrt{3}UI\cos\varphi}{UI\sin\varphi} = \frac{\sqrt{3}}{\tan\varphi}$$

因为 $\cos\varphi = 0.8$，所以 $\sin\varphi = 0.6$，$\tan\varphi = 0.75$，代入上式得

$$G_X = \frac{\sqrt{3}}{\tan\varphi} = \frac{\sqrt{3}}{0.75} = 2.3093$$

因 $G_X > 1$，故说明该电能表正转，但转慢了。

【例 1-14】 某三相三线用户电能计量装置错误接线方式为 $(\dot{U}_{ac}, -\dot{I}_c)$，$(\dot{U}_{bc}, -\dot{I}_a)$。已知在错误接线期间，电能表所计电量的绝对值为 5000kWh，用户负载平均功率因数为 0.8，试求退补电量（假设三相负载对称）。

解 根据电能计量装置错误接线方式可画出相量图如图 1-94 所示。由相量图可得

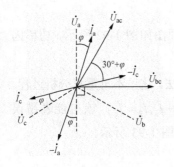

图 1-94 相量图

$$P_1 = UI\cos(\dot{U}_{ac}, -\dot{I}_c) = UI\cos(30° + \varphi)$$

$$P_2 = UI\cos(\dot{U}_{bc}, -\dot{I}_a) = UI\cos(90° + \varphi)$$

$$P = P_1 + P_2 = UI\cos(30° + \varphi) + UI\cos(90° + \varphi)$$

$$= UI(\cos30°\cos\varphi - \sin30°\sin\varphi) - UI\sin\varphi$$

$$= UI\left(\frac{\sqrt{3}}{2}\cos\varphi - \frac{3}{2}\sin\varphi\right)$$

则更正系数为

$$G_{\mathrm{X}} = \frac{P_0}{P} = \frac{\sqrt{3}UI\cos\varphi}{UI\left(\frac{\sqrt{3}}{2}\cos\varphi - \frac{3}{2}\sin\varphi\right)} = \frac{2}{1 - \sqrt{3}\tan\varphi}$$

因为 $\cos\varphi = 0.8$，所以 $\sin\varphi = \sqrt{1-0.8^2} = 0.6$，$\tan\varphi = 0.75$，代入上式得

$$G_{\mathrm{X}} = \frac{2}{1 - \sqrt{3}\tan\varphi} = -6.6890$$

由于 $G_{\mathrm{X}} < 0$，表计是反转的，抄见电量应为负值，所以 $W = -5000\mathrm{kWh}$。

$\Delta W = (G_{\mathrm{X}} - 1)W = (-6.6890 - 1) \times (-5000) = 38445$（kWh）

该用户应补 38445kWh 的电量。

【例 1-15】 三相四线有功电能表的接线原理图如图 1-95 所示，功率因数为 0.8（L），求更正系数 G_{X}。

解 由接线原理图可知，$\dot{U}_1 = \dot{U}_{\mathrm{B}}$，$\dot{U}_2 = \dot{U}_{\mathrm{A}}$，$\dot{U}_3 = \dot{U}_{\mathrm{C}}$，$\dot{I}_1 = \dot{I}_{\mathrm{b}}$，$\dot{I}_2 = \dot{I}_{\mathrm{c}}$，$\dot{I}_3 = -\dot{I}_{\mathrm{a}}$，所以该电能表错误接线方式为 $(\dot{U}_{\mathrm{B}}, \dot{I}_{\mathrm{b}})$，$(\dot{U}_{\mathrm{A}}, \dot{I}_{\mathrm{c}})$，$(\dot{U}_{\mathrm{C}}, -\dot{I}_{\mathrm{a}})$，可画出相量图如图 1-96 所示。

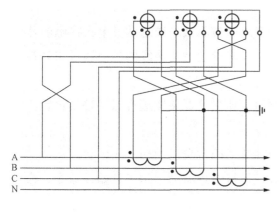

图 1-95 接线原理图

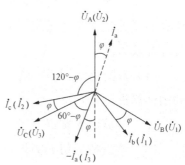

图 1-96 相量图

电能表错误接线时功率表达式为

$$P = P_1 + P_2 + P_3 = U_B I_b \cos(\dot{U}_B, \hat{\dot{I}}_b) + U_A I_c \cos(\dot{U}_A, \hat{\dot{I}}_c) + U_C I_a \cos(\dot{U}_C, \hat{-\dot{I}}_a)$$

$$= UI\cos\varphi + UI\cos(120° - \varphi) + UI\cos(60° - \varphi)$$

$$= UI\cos\varphi + UI(\cos120°\cos\varphi + \sin120°\sin\varphi) + UI(\cos60°\cos\varphi + \sin60°\sin\varphi)$$

$$= UI(\cos\varphi + \sqrt{3}\sin\varphi)$$

则更正系数为

$$G_X = \frac{P_0}{P} = \frac{3UI\cos\varphi}{UI(\cos\varphi + \sqrt{3}\sin\varphi)} = \frac{3}{1 + \sqrt{3}\tan\varphi}$$

因为 $\cos\varphi = 0.8$，所以 $\sin\varphi = 0.6$，$\tan\varphi = 0.75$，代入上式得

$$G_X = \frac{3}{1 + \sqrt{3}\tan\varphi} = 1.3049$$

因 $G_X > 1$，故说明该电能表正转，但转慢了。

任务十二　仿真实训与考核测评

一、实训测评要求

实训测评是对学员实训的一个总结与测试，通过学员单人在电能计量仿真装置上进行实际操作，独立完成所设定错误接线的带电测试与分析。具体要求为：

（1）首先由实训指导老师对电能计量仿真装置进行错误接线设置，并关闭计算机屏幕。

（2）学员进入实训室后进行抽签，确定自己的仿真实训台。

（3）学员站在仿真实训柜旁，等待指导老师下达"开始"命令，命令下达后开始计时。

（4）学员开始按要求佩戴安全帽和手套等，并准备仪器和仪表。

（5）学员按操作流程先进行三步式验电，打开仿真装置柜门，进行错误接线电能表表尾电参数测试，并记录相关数据。

（6）学员测试完成后，清理现场，关闭柜门，整理仪器和仪表。

（7）进行错误接线分析，绘制错误接线相量图，判定结论并进行接线更正，绘制错误接线电路图，写出错误接线时的功率表达式，计算更正系数及退补电量。

（8）学员交回实训测评试卷，指导教师记录结束时间。

二、测评步骤

（1）学员按照时间要求，提前到达考场，做好考前准备。

（2）考试开始前，每人抽取自己的工位号，领取夹纸板、评分标准、考试试卷各一份，填好评分标准的个人信息，并交给监考教师。其中，编号为自己的学号，工位号为刚抽取的号码。

（3）到达自己的工位，并在指定位置待命，监考老师发考试命令前不要戴手套、安全帽等安全用具。

（4）等各位学员准备好后，监考老师发布考试命令，各位学员方可进行考试操作。

（5）考试学员不许打开电脑屏幕，否则按照作弊处理。

（6）考试结束后，整理完现场，并将试卷交到监考教师手中，把试卷夹放回原处，方可离开考场。

三、考试模拟

以下分别给出了三相四线、三相三线的试卷模板。

三相四线电能计量装置错误接线分析技能考核试题

班级： 姓名： 编号： 抽签题号： 计时： 分 秒

___

试题：某用户采用三相四线低压供电，月平均功率因数为 0.9（感性）。请现场测试有关电压、电流数据，画图分析，写出错误接线时的功率表达式和更正系数。

1．现场测试

测定三相电压、电流

$U_1 =$	$I_1 =$
$U_2 =$	$I_2 =$
$U_3 =$	$I_3 =$

测定电压、电流相位及相序

$\dot{U}_1$	$\dot{U}_2$	$\dot{U}_3$	$\dot{I}_1$	$\dot{I}_2$	$\dot{I}_3$
相序				$\dot{U}_a = ($ $)$	

2．画出错误接线相量图

3．画出错误接线电路图

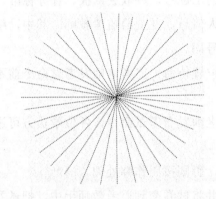

4．故障判断结论

接线组别	第一元件：
	第二元件：
	第三元件：

5．表尾接线状态与更正

电能表错误接线端子排列（填写错误接线电压、电流接入情况）
1　2　3　4　5　6　7　8　9　10
○　○　○　○　○　○　○　○　○　○

更正后的接线端子排列（只能填写序号）
1　2　3　4　5　6　7　8　9　10
○　○　○　○　○　○　○　○　○　○

6. 写出错误接线时功率表达式并化简

7. 写出更正系数表达式并化简（不计算值）

三相三线电能计量装置错误接线分析技能考核试题

班级：　　　姓名：　　　编号：　　　抽签题号：　　　计时：　　分　　秒

试题：某高供高计用户采用三相三线制供电，月平均功率因数 $\cos\varphi=0.96$（$\sin\varphi=0.28$）。请试分析该用户电能表接线，并计算更正系数。

1. 现场情况

测定三相电压、电流

U_1	U_2	U_3	U_{12}	U_{23}	U_{31}	I_1	I_2

测定电压、电流相位及相序、相别

I＼U	$\dot{U}_{32}$	$\dot{I}_1$	$\dot{I}_2$	电压相序判断	电压相别判断	U_1	U_2	U_3
$\dot{U}_{12}$								

2．画出错误接线相量图　　　　　　3．画出错误接线电路图

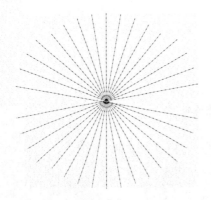

4．故障判断结论

接线组别	第一元件：	说明： 1. 2. 3.
	第二元件：	

5．表尾接线状态与更正

电能表错误接线端子排列（填写误接线电压、电流接入情况）	更正后的接线端子排列（只能填写序号）
1 2 3 4 5 6 7 8 9 10 ○ ○ ○ ○ ○ ○ ○ ○ ○ ○	1 2 3 4 5 6 7 8 9 10 ○ ○ ○ ○ ○ ○ ○ ○ ○ ○

6．计算

（1）写出错误接线时功率表达式并化简。

（2）计算更正系数并化简（不计算值）。

四、考核评判

考核评判是对学员实训测评进行客观地评价，严格按照评价标准进行。评分标准见表 1-15。

表 1-15 电能计量装置错接线仿真考试评分标准

编号： 姓名： 班级： 抽签题号：

项目	内容	技术要求	标准分值	扣分标准	扣分原因	扣分	备注
1	准备工作	安全措施得当，必须戴安全帽，穿工作服、绝缘鞋，验电、工器具齐全	5	每缺一项扣1分			
2	测试分析判断并画图计算	测量方法正确，正确使用测试仪表，正确记录测量数据	15	测量方法错误扣2分/处，测试仪表使用错误扣2分/处，测量数据记录错误扣0.5分/处，数据单位错误扣0.5分/处			
		错误接线相量图绘制正确	16	画错相量扣2分/处，相量判断错误扣2分/处，标示错误扣0.5分/处			
		故障判断结论正确	16	接线组别判断错误扣2分/元件，故障说明及故障处理错误扣1分/处			
		错误接线图绘制正确	12	绘制和标示错误扣4分/元件，三相电源标示错误扣0.5分/处			
		正确导出误接线下的功率表达式	9	无原始或化简式扣2分/处，无导处过程扣2分			
		正确导出更正系数公式，并计算其数值	7	无定义式扣1分，代入式错误扣2分，化简式错误扣2分，计算结果错误扣2分			
		正确计算退补电量	6	无公式扣1分，代公式错误扣3分，计算结果错误扣2分，无文字答案扣1分			
3	安全文明生产	设备、仪表不得损坏	5	仪器掉落扣3分，测试笔掉落扣1分/次			
		工作完毕，整理仪表箱，清理工作现场，恢复原始状态	4	不符合要求扣1分/处			

续表

项目	内容	技术要求	标准分值	扣分标准	扣分原因	扣分	备注
3	安全文明生产	不得出现严重危及人身安全的操作		一旦出现严重危及人身安全的操作，安全文明生产项目倒扣9分			
4	操作时间	操作及答题时间一般不超过40分钟	5	用时20分钟内，且图、文及分析正确为90以上；30分钟内为85分以上	开始时间： 结束时间： 用时：		
5	最后得分						

阅卷教师签字：　　　　　　　　　　　　　　　年　　月　　日

电能表现场检验

【项目描述】

本项目阐述了电能表现场检验的意义，明确了电能表检验的依据，介绍了电能计量装置的分类、电能表检验的周期和检验的校准项目，现场检验的条件和安全要求；电能表现场检验注意事项、检验的步骤和方法，标准电能表法测试电能表基本误差的方法和步骤；检验结果的处理；电子式多功能（智能）表各种参数的识读；校验仪的基本功能和结构。通过示范演示操作，描述了电能表现场检验的全过程。

【教学目标】

知识目标：

1. 了解电能表现场检验的相关依据（规程或规范）。
2. 掌握现场校验仪及其辅助仪器的使用方法。
3. 掌握电能表现场测试步骤及方法。
4. 掌握预置（算定）转数或脉冲数的计算方法、被测表误差计算方法。
5. 掌握误差数据处理及化整方法。

能力目标：

1. 理解电能表现场测试原理及方法。
2. 掌握现场校验仪接线及设置使用方法。
3. 熟知电能表示数识读方法。

4. 掌握数据处理的方法。

【教学环境】

具备电能计量模拟仿真装置、万用表、验电笔等工具及电能表校验仪。实训场地应符合仿真装置安全使用的技术要求。供电电源系统应稳定可靠，具有基本的保护功能。

任务一　电能表现场检验基础知识介绍

【教学目标】

要求学员了解电能表现场检验的依据，熟知电能计量装置分类的原则、电能表现场检验的周期，掌握电能表现场检验的项目内容。

【任务描述】

本任务主要讲述电能表现场检验依据的相关规程、电能计量装置分类的原则、电能表现场检验的周期和检验项目。

【任务实施】

通过讲述电能表现场检验的目的，引导学员了解电能表现场检验相关规程及规范，熟悉电能计量装置分类、电能表检验周期及电能表现场检验的内容。

【相关知识】

一、电能表现场检验的依据

（1）国家经济贸易委员会 2000 年 11 月发布的 DL/T 448—2000《电能

计量装置技术管理规程》。

（2）国家技术监督局 1997 年 11 月发布的 JJF 1055—1997《交流电能表现场校准技术规范》。

（3）原水利电力部 1983 年发布的 SD 109—1983《电能计量装置检验规程》。

（4）国家电网公司生产运营部发布的《电能计量装置现场检验作业指导书》。

二、电能计量装置分类

运行中的电能计量装置按其所计量电能量的多少和计量对象的重要程度分为五类（Ⅰ、Ⅱ、Ⅲ、Ⅳ、Ⅴ）。具体的分类原则如下：

（1）Ⅰ类电能计量装置包括月平均用电量为 500 万 kWh 及以上或变压器容量为 10000kVA 及以上的高压计费用户、200MW 及以上发电机、发电企业上网电量、电网经营企业之间的电量交换点、省级电网经营企业与其供电企业的供电点的电能计量装置。

（2）Ⅱ类电能计量装置包括月平均用电量为 100 万 kWh 及以上或变压器容量为 2000kVA 及以上的高压计费用户、100MW 及以上发电机、供电企业之间的电量交换点的电能计量装置。

（3）Ⅲ类电能计量装置包括月平均用电量为 10 万 kWh 及以上或变压器容量为 315kVA 及以上的计费用户、100MW 以下发电机、发电企业厂（站）用电量、供电企业内部用于承包考核的计量点、考核有功电量平衡的 110kV 及以上的送电线路的电能计量装置。

（4）Ⅳ类电能计量装置包括负荷容量为 315kVA 以下的计费用户、发供电企业内部经济技术指标分析及考核用的电能计量装置。

（5）Ⅴ类电能计量装置包括单相供电的电力用户计费用电能计量装置。

三、电能表现场检验周期

新投运或改造后的Ⅰ、Ⅱ、Ⅲ、Ⅳ类高压电能计量装置，应在一个月内进行首次现场检验。

Ⅰ类电能表至少每 3 个月现场检验一次；Ⅱ类电能表至少每 6 个月现场检验一次；Ⅲ类电能表至少每年现场检验一次；Ⅳ类高压电能表至少两年检验一次。运行中的 Ⅴ 类电能表，从装出的第六年起，每年应进行分批抽样，做修调前检验，以确定整批表是否继续运行。

四、电能表现场检验的内容（项目）

（1）一般检查。

（2）电能表接线检查。

（3）与电能表相连的电压互感器二次导线电压降测量。

（4）电能表工作误差校准。

（5）核对计时误差。

（6）检查分时计度（多费率）电能表计度器读数的组合误差。

（7）检查数据处理单元与电能测量单元计度器的读数相差值。

（8）检查预付费电能表电量计量误差。

任务二　电能表现场检验方法

【教学目标】

要求学员掌握电能表现场检验的方法。

【任务描述】

本任务主要讲解电能表现场检验的方法，介绍了电能表现场基本误差测试的两种方法。

【任务实施】

通过讲述电能表现场检验的方法，举例说明，引导学员掌握电能表现场基本误差测试的两种方法，重点讲述标准电能表法测试电能表基本误差的方法。

【相关知识】

测定电能表的基本误差，应在规定的电压、频率、波形、温度、指定的相位及已知负载性质等条件下进行。

一、瓦秒法

用标准功率表测量调定的恒定功率，同时用标准测时器测量电能表在恒定功率下转若干转所需的时间，用该时间与恒定功率相乘得到实际电能，与电能表测定的电能相比较，即能确定电能表的相对误差。

1．定转测时法

当用固定转数确定测量时间的瓦秒法检定时，电能表的相对误差计算式为

$$r = \frac{T - t}{t} \times 100$$

式中　r——标准功率表或检定装置的已定系统误差，%；

　　　t——实测时间，s，即被检表在恒定功率下输出 N 个脉冲时，标准测时器测定的时间；

　　　T——算定时间，s，即假定被检表没有误差时，在恒定功率下输出 N 个脉冲所需要的时间，按下式计算

$$T = \frac{3600 \times 1000 N}{C_X K_I K_U P}$$

　　　N——选定的电能表转数或脉冲数；

　　　C_X——被检表的脉冲常数，P/kWh；

　　　P——恒定功率，W；

K_I、K_U——被校准电能表铭牌上标准电流、电压互感器的额定变比，未

标注者为 1。

2. 定时测转法

当用固定时间计读转数的瓦秒法检定携带式电能表时，相对误差计算式为

$$r = \frac{n - n_0}{n_0} \times 100 + \gamma_b$$

式中 γ_b——标准电能表法校准装置在运行条件下的一定系统误差，不需修正时 $\gamma_b = 0$；

n——实测转数；

n_0——算定转数，即假定被校电能表没有误差时，标准电能表应转的理论转数（每一负载功率下算定转数 n_0 应不少于 4r）。

理论转数按下式计算

$$n_0 = \frac{CK_I K_U Pt}{3600 \times 1000}$$

【例 2-1】 某居民用户电能表（2.0 级）常数为 3000r/kWh，为了测出该表实际误差，用一只 100W 灯泡作负荷，测得该电能表转 1 圈的时间为 11s，试求其误差。

解

$$T = \frac{3600 \times 1000N}{CP} = \frac{3600 \times 1000 \times 1}{3000 \times 100} = 12(s)$$

$$\gamma\% = \frac{T - t}{t} \times 100\% = \frac{12 - 11}{11} \times 100\% = 9.1\% > 2.0\%$$

该电能表超差。

【例 2-2】 某用户用一只 2.0 级三相四线有功电能表计算，其 $C = 600r/kWh$，当负荷为 1000W 时，测得该表转 5 圈所用时间为 34s，其误差为多少？

解

$$T = \frac{3600 \times 1000N}{CP} = \frac{3600 \times 1000 \times 5}{600 \times 1000} = 30(s)$$

$$\gamma\% = \frac{T-t}{t} \times 100\% = \frac{30-34}{34} \times 100\% = -11.76\% > 2.0\%$$

该电能表超差。

【例 2-3】 某用户用一只 2.0 级三相四线有功电能表计算，其 C=400 r/kWh，配电屏监视电压表读数为 380V，用钳形电流表测得一次负荷电流为 100A，TA 变比为 500/5A，测试期间用户功率稳定，且功率因数表读数为 0.9，现测得电能表转 5 圈所用时间为 60s，试求该电能表的大致误差。

解

$$P = \sqrt{3} \times 380 \times \frac{100}{\dfrac{500}{5}} \times 0.9 = 592.34(\text{W})$$

$$T = \frac{3600 \times 1000 N}{CP} = \frac{3600 \times 1000 \times 5}{400 \times 592.34} = 76(\text{s})$$

$$\gamma\% = \frac{T-t}{t} \times 100\% = \frac{76-60}{60} \times 100\% = 26.67\%$$

因误差太大，说明接线有误或表已损坏。

二、标准电能表法

标准电能表测定的电能与被检电能表测定的电能相比较，确定被检电能表的相对误差的方法，称为标准电能表法。

1. 定低频脉冲数（N）比较法

当用被检电能表输出一定的低频脉冲数 N 停住标准表的方法检定时，被检表的相对误差（%）按下式计算

$$r = \frac{W_0 - W}{W} \times 100 + r_0$$

$$W_0 = \frac{3.6 \times 10^6}{C_0} n_0$$

$$n_0 = \frac{C_0 N}{C_L K_I K_U}$$

式中 r_0——标准表或检定装置的已定系统误差，%，不需更正时为 0；

W——实测电能值，标准表累计的电能值；

W_0——算定电能值，被检表没有误差运行下，输出 N 个低频脉冲时，标准表应累积的电能值，J；

C_0——标准表的脉冲常数，P_L/ kWh 或 P_H/ kWh；

n_0——算定脉冲数；

C_L——被检表的低频脉冲常数，P_L/ kWh，对安装式表为 C（P/kWh）；

K_I、K_U——标准表外接的电流、电压互感器变比。当没有外接电流、电压互感器，均为 1。

2. 高频脉冲预置法

标准表和被检表都在连续运行的情况下，将计读标准表在被检表输出 N 个低频脉冲时输出的高频脉冲数 m，作为实测高频脉冲数，再与算定（或预置）的高频脉冲数相比较，用下式计算被检表的相对误差

$$r = \frac{m_0 - m}{m} \times 100 + r_0$$

式中　r_0——标准表或检定装置的已定系统误差，%，不需更正时为 0；

m——实测高频脉冲数；

m_0——算定（或预置）的高频脉冲数，按下式计算

$$m_0 = \frac{C_{H0} N}{C_L K_I K_U}$$

C_{H0}——标准表的高频脉冲常数，P_H/kWh；

C_L——被检表的低频脉冲常数，P_L/kWh，对安装式表为 C（P/kWh）；

K_I、K_U——标准表外接的电流、电压互感器变比。当没有外接电流、电压互感器，均为 1。

说明：采用上述方法计算基本误差时，标准表累计的脉冲数应不少于 JJG 596—1999《电子式电能表检定规程》中的要求，见表 2-1。

表 2-1 各级标准电能表累计数字

电能表准确度等级	0.02 级	0.05 级	0.1 级	0.2 级
最少累计数	50000	20000	10000	5000

3. 举例说明

【例 2-4】 用高频脉冲数预置法测定基本误差时，已知某 0.2S 级电能表脉冲常数为 6400imp/kWh，0.05 级标准表脉冲常数为 12800000imp/kWh，若在电能表输出 10 个脉冲时计算基本误差，问此时能否满足标准表累计数字的要求？若输出 5 个脉冲又如何？

解 C_{H0}=12800000imp/kWh，N=10，C_L=6400imp/kWh，K_I、K_U 均为 1，由 $m_0 = \dfrac{C_{H0}N}{C_L K_I K_U}$，可得 m_0=20000。

由表 2-1 可知 0.05 级电能表最少累计数为 20000，所以当被检表输出 10 个脉冲时，满足标准表累计数字的要求；而当被检表输出 5 个脉冲时，标准表累计的数字经过计算，m_0=10000<20000，此时不满足标准表累计数字的要求。

任务三 现场检验设备与仪表使用

【教学目标】

要求学员了解现场检验设备及辅助仪器仪表的结构、原理和功能。掌握现场检验设备的使用方法。

【任务描述】

本任务主要讲解珠海科荟公司生产的现场校验仪（PEC-H3A）的使用方法。

【任务实施】

通过讲解电能表现场检验仪的结构、原理、功能，引导学员正确使用现场校验仪。

【相关知识】

一、仪器操作流程

仪器使用中应严格按照操作流程进行。操作流程如下：开启仪器电源→接好仪器端测试线→接电能表端测试线及钳表→设置检验参数→校验→拆除电能表端测试线→关闭仪器→拆除仪器端测试线。

说明：钳表"+"为电流进、"–"为电流出，钳表中间颜色代表相别，黄为 A 相，绿为 B 相，红为 C 相。

二、主屏幕介绍

开启仪器电源，屏幕显示界面如图 2-1 所示。

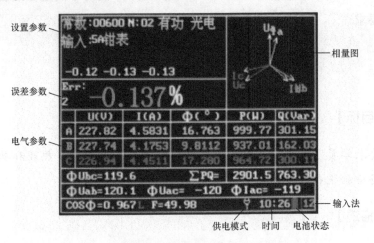

图 2-1　屏幕显示界面

校验仪有主、副表同时校验或有功、无功同时校验的功能，能有效提高工作效率。开启仪器,按"切换"键即进入双表校验界面,再按一下即返回单表校验界面,如图 2-2 所示。

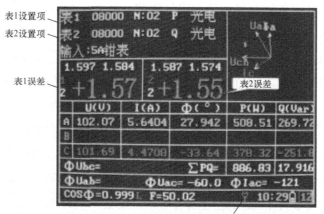

图 2-2 校验界面

现场设置:

(1)常数:指被测电能表的常数。

(2)*N*:电子表时来多少次脉冲计算一次误差,机械表时来多少次黑标计算一次误差(值得注意的是在手动方式下,来多少次黑标按一下手动开关)。

(3)有功(无功):指被测表是有功表还是无功表。

(4)光电(手动):脉冲采样方式。

(5)输入:电流采样方式(需输入变比数值,如果是直通表,即变比值为 1:1;其他情况依据现场 TA 变比输入)。

(6)变比:互感器铭牌所标称的值。

(7)相量图区:显示测量时的电压电流矢量相互关系的相量图。

(8)误差:电能表现场校验产生的误差参数(仪器根据输入的电能表

参数和采集到的电能表参数经过高精准计算，得到电能表所计电量和实际电量比值误差值（显示电表三个连续误差）。

（9）电气参数区：显示全部电气参数，有 U_a、U_b、U_c、I_a、I_b、I_c、P_a、P_b、P_c、Q_a、Q_b、Q_c、ΣP、ΣQ、φA（A 相电压对电流夹角）、φB（B 相电压对电流的夹角）、φC（C 相电压对电流夹角）、φU_{ab}（A 相电压对 B 相电压的夹角）、φU_{ac}（A 相电压对 C 相电压夹角）、φU_{cb}（C 相电压对 B 相电压夹角）、φI_{ac}（A 相电流对 C 相电流夹角）、$\cos\varphi$（功率因数）、f（频率）。

（10）供电模式标识：供电模式有电压端子供电、电池供电、适配器供电三种。仪器设有仪器自动和手动选择供电模式功能。当供电模式图标颜色为黄色时，代表自动选择供电模式。自动供电模式的优先级为适配器，其次电压端子供电，最后是电池供电。适配器供电时供电模式标识为相下小插头图标，电压端子供电时供电模式标识为相上小插头图标，电池供电时供电模式标识为小电池图标。当供电模式图标颜色为红色时，代表手动供电模式。手动供电模式可以强制选择端子供电或电池供电（通过 F4 进行供电模式轮换）。

（11）时间：系统时间。

（12）电池状态标识：电池状态标识为绿色时表示电池已充满电，为红色时表示电池电量不足，为白色时表示正在使用电池。

（13）输入法标识：输入法标识为"12 "表示阿拉伯数字输入；"AB"表示大写字母输入；"ab"表示小写字母输入；"汉"表示汉字输入。

三、字符输入、删除

1. 字符输入

进入设置状态，把光标移到所需输入字符处，按"切换"键切换输入模式，再按"切换"键仪器屏幕右下角出现"汉"图标为汉字输入模式，出现"ab"图标为小写字母输入模式，出现"AB"图标为大写字母输入模式，出现"12"图标为阿拉伯数字输入模式。在系统管理输入速度项中有字符输入速度设置功能（详见系统管理中输入速度设置说明）。

例如：在用户信息用户名输入"科荟"。

（1）把光标移到用户信息项的用户名设置项上，按"切换"键，看到仪器屏幕右下角出现"汉"小图标即是汉字输入模式，汉字输入是使用手机常用的 T9 汉字输入法。

（2）使用键盘输入"ke"，如图 2-3 所示。

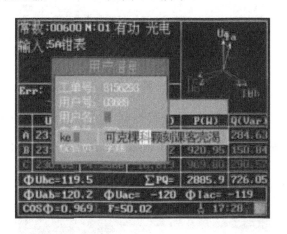

图 2-3　输入"ke"

（3）通过"←、→"键移动光标到"科"字上按"确认"键。

（4）输入"hui"，如图 2-4 所示。

（5）通过"←、→"键移动光标到"荟"字上按"确认"键。

说明：当前页找不到自己需要的汉字可以通过按"↑、↓"键进行翻页查找。仪器中的汉字库可进行升级（详见系统管理 U 盘管理说明）。

2. 字符删除

删除所输入的字符，把光标移到所需要删除字符处，按"查询"键进行删除。

例如：把保存校验数据中用户信息中的校验员"科荟"两个汉字删除。

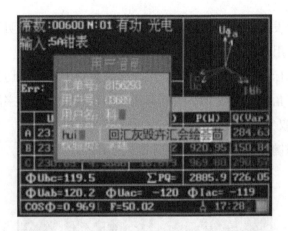

图 2-4 输入 "hui"

通过 "←、↑、→、↓" 把光标移到 "科荟" 后，按 "查询" 键删除。在这种状态下按一下 "查询" 键即删除一个文字，如图 2-5 所示。

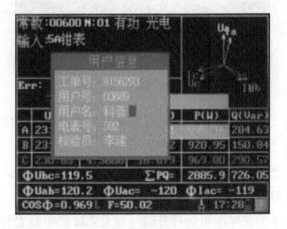

图 2-5 字符删除

四、功能使用方法（校验信息设置操作）

1. 校验参数设置

（1）常数：设置被测电能表常数，常数范围为 1～99999，支持从普通机械式单相电能表到最新的三相电子式电能表，常数的单位是 Plus/kWh。

例如：电能表常数为 600Plus/kWh。按"设置"键，光标在"常数"设置项上，通过键盘在此项输入 00600，按"↓"或"确认"键锁定所输入数值。

（2）N（采样圈数）：光电采样器每接收到电能表的一个脉冲或黑标，光电采样器会产生一个脉冲，圈数就是仪器接收多少次脉冲信号才计算一次误差。

例如：电能表黑标转 2 圈，仪器就计算一次误差。通过"↑、↓"把光标移动至 N（圈数）设置项，通过键盘在此项输入 02，按"↓"或"确认"键锁定所输入数值。仪器是接收到两次脉冲计算一次误差。

（3）有功（无功）：指测量电能表的有功误差或无功误差。

操作方法：按"↑、↓"光标跳到有功、无功设置项上，按"←、→"键进行有功或无功选择。

（4）光电：指采用被测表的光信号或脉冲信号。在使用光电采样器或直接将被测表的脉冲信号送到仪器的光电头接口，都应选择"光电"方式。

（5）手动：指采用手动开关校验时，设置项应选择"手动"。

操作方法：按"↑、↓"光标跳到光电、手动设置项上，按"←、→"键进行光电或手动选择。

（6）输入：电流输入有 8 种（1A 端子、5A 端子、5A 钳表、20A 钳表、100A 钳表、500A 钳表、1000A 钳表、1500A 钳表）。

操作方法：按"↑、↓"光标移到输入设置项上，按"←、→"键选择输入方式。

（7）变比：在输入采用电流钳，且电流挡位大于等于 100A 的情况下，必须正确设置变比。通常的计量箱在设计负荷电流较大时，电流不是直接输入电能表中，而是通过 TA 变换后送到电能表中，这里要设置的变比就是 TA 铭牌上的变比（如果是直接通表，即变比值为 1:1，其他情况依据现场 TA 变比输入）。

例如：某个计量装置的电压为 220V，电流 TA 的变比为 500/5。按"↑、↓"键把光标"变比"设置的"/"前设置项输入 500 数值，再通过"→"键把光标移到"/"后设置项输入 5 数值，按"确定"离开该设置项。

校验参数设置注意事项："光电"方式与"手动"方式区别。

例如：校验三相机械式有功电能表，其电能常数为 450 r/kWh，设置圈数为 3 圈。

使用"光电"方式进行校验时，电能表黑标每走 1 圈，则光电采样器会产生一个脉冲，当仪器一共接收三次脉冲信号才计算一次误差。

使用"手动"方式进行校验时，电能表黑标每走 3 圈按一次手动开关。仪器每接收一次脉冲信号就会计算一次误差。

在电流挡位大于等于 100A 的情况下，一定要输入正确的 TA 变比，否则无法准确地校验电能表误差。

2. 校验电能表有功、无功

例如：被检三相三线电子电能表 3×100V、5A 钳表输入，电能表有功常数为 8000r/kWh，电能表无功常数为 8000r/ kvarh。采用光电校验方式，有功圈数为 2 圈，无功圈数为 3 圈。

（1）开启仪器按"切换"进入"双表"校验界面如图 2-6 所示。

（2）在"设置"表 1 常数处输入"08000"；按"↓"锁定并把移动光标移到 N（圈数）设置项；在 N（圈数）设置项上输入"02"。

（3）按"↓"锁定并把移动光标移到有功、无功设置项，在有功、无功设置项上按"←、→"选择"P"；将"↓"光标移动到光电、手动设置项，在光电、手动设置项通过"←、→"选择光电。

（4）按"↓"移到表 2 常数处；在表 2 常数设置处输入"08000"；按"↓"光标移到 N（圈数）设置项；在 N（圈数）设置项上输入"03"。

（5）将"↓"光标移到有功、无功设置项，在有功、无功设置项上通过

"←、→"选择"Q";将"↓"移动到光电、手动设置项,在光电、手动设置项上通过"←、→"选择"光电";将"↓"光表移到输入设置项,在输入项输入设置项通过"←、→"键选择"5A钳表";按【确定】键开始校验。

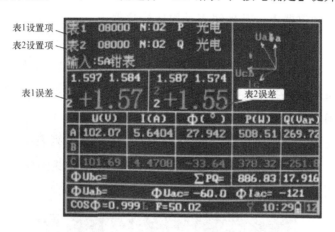

图 2-6 "双表"校验界面

注意:可单独校验有功或单独校验无功。单独校验有功时,无功参数可输入任意值。单独校验无功时,有功参数可输入任意值。

3. 电能表综合误差测量

例如:某低压三相四线输电线路,额定电流为 500A,其计量装置由 500/5 的 TA,3×220V/5A,电表常数为 600r/kWh 的有功电能表组成,现需测量整个计量装置的综合误差。

操作方法:采用 500A 钳表作为电流输入,把钳表夹到 TA 一次电流线上(注意电流的方向),开启仪器,按"设置"键设置电表参数,常数为 600;圈数设置为 2 圈,选择有功、光电校验方式;设置为 500A 钳表,变比数值设置为 500/5;设置好后按"确定"键开始综合误差测量。

4. 钳表自检(此功能仅限 H3A)

该功能是科荟公司专利技术,利用此功能可以进行钳形互感器的误差检查和修正功能。钳表在使用过程中由于环境等外界的影响会出现一定的误差，通过使用自检功能进行误差检查和修正。钳表修正可对 A、B、C 相进行单独修正或对 AC、ABC 相进行组合修正。修正钳表时，只把所修正的钳表接到仪器上，其他钳表不要接到仪器上。

例如：对 5A 钳表的 B 相钳表进行误差修正。

操作方法：B 相钳表接仪器，平放于桌面上；开启仪器按"自检"键，进入钳表误差修正界面，光标在相别设置项上；通过"←、→"来选择 B 相，按"确定"键开始修正。

修正完成后会在刻度进度处显示"OK"，且在数值列表显示 B 相的"比差、线性、角差"的误差值。修正完成后按"确认"键保存误差，按"退出"键返回主界面，如图 2-7 所示。

图 2-7　钳表修正界面

五、注意事项

（1）在钳表修正前，最好先把钳口擦干净。

（2）钳表尽量远离大电流，否则会影响修正的准确度。

（3）钳表修正大约持续 3min，期间不能关机，也不能进行其他操作。选择电池供电时，确保电池至少有一格电量。

（4）在钳表修正时，请不要接入光电信号。

（5）在钳表修正时，请不要在端子接入电流。

任务四　电能表现场检验操作步骤与流程

【教学目标】

要求学员掌握电能表现场检验步骤与流程。

【任务描述】

本任务主要讲解电能表现场检验具体内容、方法以及目的。

【任务实施】

通过讲解电能表现场操作步骤与操作流程，引导学员进行正确操作。

【相关知识】

一、电能表现场检验操作步骤

电能表现场检验操作步骤见表 2-2。

表 2-2　　　　　　　　电能表现场检验操作步骤

步骤	内　容	方　　法	目　的
1	办理工作票	按规定办理工作票并经许可	
2	验电 （三步式验电）	（1）用验电笔先在带电的电源处验电。 （2）用验电笔在计量柜体外壳把手金属部分验电。 （3）用验电笔再次在带电的电源处验电	第（1）步检查验电笔是否完好。 第（2）步检查计量柜体是否带电。 第（3）步确保验电笔完好。 （即可说明计量柜体不带电）

电能计量装置接线检查与电能表现场检验

步骤	内 容	方 法	目 的
3	现场校验仪检查	取出校验仪并开启校验仪电源,分别将电流、电压与光电采样连线按照规定接到校验仪上,用万用表分别检查仪器端电流及电压线状态。 (1)电流线:应导通。 (2)电压线:应有足够大电阻	确保要接入计量回路的现场校验仪与连线的可靠性、安全性及连接的正确性
4	电流线接入回路	(1)直接接入式:逐相接入,先低端后高端,确认有分流时,方可平缓松螺钉,打开连片,并仔细观察节点状况与仪表示数变化。 (2)钳表接入式:按照规定将钳表卡入电流线,并观察仪表	安全地将校验仪串入电流回路
5	电压线接入回路	按照先公共端的原则,将电压夹逐相分别接至电压回路的节点,并观察仪器变化情况与相量图	安全地将仪器接入电压回路
6	光电(脉冲)采样接入	(1)光电采样:按照采样器的要求,对准被测电能表脉冲发光处,进行采样。 (2)脉冲直接采样:小心地将连线接至电能表的脉冲输出口,进行采样;观察仪器的指示状态	采集被检电能表的脉冲信号,进行校准
7	设置校验仪检验参数	按照电能表现场校验仪的要求,根据被测电能表类型,逐项设置检验参数	便于正确进行误差测试
8	误差测试并记录	按照电能表误差测试记录要求,依次读取并记录现场校验仪显示被测电能表误差数值;记录被测电能表及现场校验仪相关参数	记录被测电能表误差及相关参数
9	拆除所有连线并归位	误差测试结束后,首先拆除电能表端所有测试线,然后再关闭现场校验仪,拆除仪器端测试线	安全恢复计量表计二次回路初始状态
10	清理现场	整理并收起现场使用的仪器、工具及其他辅助设备;打扫并清理现场遗留杂物	恢复现场初始状态,确保工作现场电气设备安全运行

二、电能表现场检验操作流程

电能表现场检验操作流程如图 2-8 所示。

电
能
表
现
场
检
验

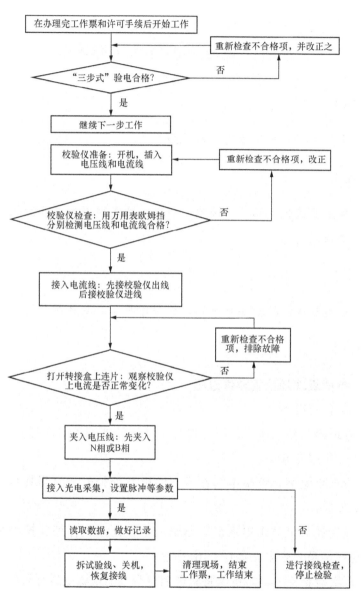

图 2-8 电能表现场检验操作流程

任务五　电能表现场检验实际操作

【教学目标】

要求学员掌握电能表现场检验操作方法。

【任务描述】

本任务主要通过现场演示操作，讲述电能表现场检验实际操作方法及检验注意事项。

【任务实施】

按照电能表现场检验操作方法，引导学员学会具体操作过程。

【相关知识】

一、电能表现场检验操作过程

（1）工作前准备。

1）办理第二种工作票，履行许可手续（经老师签字许可）。

2）"三步式"验电。

a. 检查验电笔。将验电笔在带电的电源处验电，验明其是否完好，如图 2-9 所示。

b. 检查计量柜体带电情况。用验电笔在计量柜体外壳把手金属部分验电，观察其是否带电，如图 2-10 所示。

c. 再次检查验电笔。再次将验电笔在带电的电源处进行验电，验明电笔是否完好，从而确定计量柜体是否带电，如图 2-11 所示。

（2）开机。按下现场校验仪电源按钮，保持 3s，如图 2-12 所示。

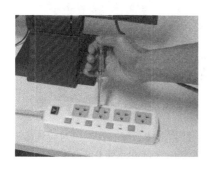

图 2-9　验电笔在带电插座上验电

图 2-10　验电笔在计量柜体外壳把
手金属部分验电

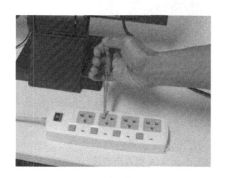

图 2-11　验电笔再次在带电插座上验电

图 2-12　校验仪开机

（3）将引出线与现场校验仪连接并检查引出线。将电压线、电流线按接线规则连至校验仪，用万用表欧姆挡分别检测电压线和电流线（对于三相三线，电流线颜色对应插入端口后拧紧膨胀螺钉并确认紧固，电压线 B 相电压接黑色端口；对于三相四线，电流及电压线对应颜色连接即可，电流线注意事项同上），万用表调至欧姆挡，按"黄色转换"键选择蜂鸣功能检验电流线是否导通；再次使用"黄色转换"键调至阻值测量功能测量电压线电阻（大于 100kΩ即可），须测量全部组合情况，如图 2-13～图 2-17 所示。

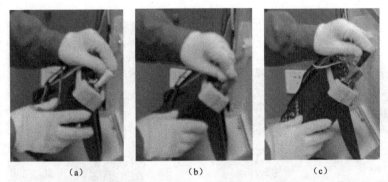

图 2-13 将电压线与现场校验仪按 A、B、C 相，黄、绿、红三色对应连接

(a) 电压线 A 相连接；(b) 电压线 C 相连接；(c) 电压线 B 相连接

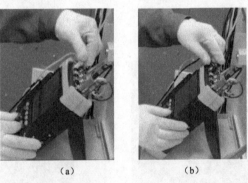

图 2-14 将 A 相电流线按 I_a 进、I_a 出，黄、黑色对应连接

(a) 电流线 A 相 I_a 进连接；(b) 电流线 A 相 I_a 出连接

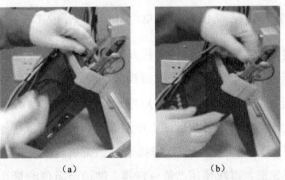

图 2-15 将 C 相电流线按 I_c 进、I_c 出，红、黑色对应连接

(a) 电流线 C 相 I_c 进连接；(b) 电流线 C 相 I_c 出连接

（a） （b） （c）

图 2-16 将万用表调至欧姆挡，按"黄色转换"键选择蜂鸣
功能检验电流线导通情况

（a）万用表调至欧姆挡；（b）按"黄色转换"键选择蜂鸣；（c）检验电流线导通情况

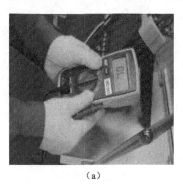

（a） （b）

图 2-17 再次使用"黄色转换"键调至阻值测量功能测量电压线电阻
（a）按"黄色转换"键选择蜂鸣；（b）测量电压线电阻

（4）设置参数。按校验仪面板上的"设置"键进入设置状态，如图 2-18
所示。使用"上下键"移动光标、"左右键"移动及选择、"数字键"进行
设置，分别需要设置常数（被检表）、脉冲 N、有/无功状态、测量方式（光
电）、输入端子（5A）、表号（被检表）。

（5）接线

1）接入电流线。I_A 电流线连接接线盒电流 A 相端子，先接电流出线
固定端子，再接电流进线，用力将螺钉拧紧，从而固定电流线，防止其脱
落造成线路开路，如图 2-19 所示。其他线以此类推。

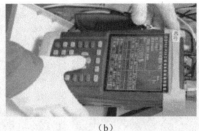

（a） （b）

图 2-18 设置参数操作页面

（a）按"设置"键进入设置状态；（b）使用"上下键""左右键"移动及选择

（a） （b）

图 2-19 电流线与接线盒的连接

（a）接 I_A 电流线出线；（b）接 I_A 电流线进线

2）打开转接盒上连片。双手持螺钉旋具操作，缓慢旋转螺钉的同时观察校验仪上电流变化情况，当观察电流逐渐增大时可安全打开连片，如电流无变化应立即停止操作，如图 2-20、图 2-21 所示。

3）夹入电压线。U_A 夹子夹在接线盒电压 A 相端子，其他以此类推，如图 2-22 所示。

4）接光电采集。将导线一端和校验仪脉冲输入针孔相连，另一端吸附至电能表上悬挂支架，如图 2-23 所示。

（6）观察相量图。观察相量图是否异常，如有异常，判断错误接线方式。观察各项参数是否满足技术要求，如图 2-24 所示。

电能表现场检验

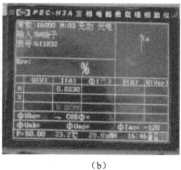

（a） （b）

图 2-20　打开接线盒上连片，观察电流值

（a）缓慢旋转螺钉；（b）观察电流值

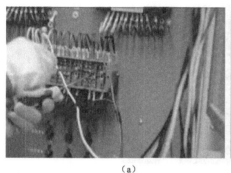

（a） （b）

图 2-21　完全打开转接盒上连片，观察电流值

（a）打开转接盒上连片；（b）观察电流值

（a） （b） （c）

图 2-22　电压线 A、B、C 三相与接线盒连接

（a）电压线 B 相连接；（b）电压线 A 相连接；（c）电压线 C 相连接

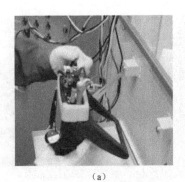

（a）　　　　　　　　　　　　（b）

图 2-23　接光电采集线

（a）光电采集线与校验仪连接；（b）光电采样器与电能表脉冲灯对准固定

图 2-24　观察校验仪显示的相量图及各项参数

（7）测量误差并做好记录。

1）测量有功误差。设置有功测量参数（针对此仿真系统，脉冲 N 建议设置为 10，有功方式），将脉冲测试头对准电能表有功脉冲部分，待数值稳定后记录数据，依次记录以上稳定数据，计算平均值并化整。

2）测量无功误差。设置无功测量参数（针对此仿真系统，将脉冲 N 数调小，建议设置为 3，无功方式），将脉冲测试头对准电能表无功脉冲部分，待数值稳定后记录数据，依次记录以上稳定数据，计算平均值并化整。

3）比较化整数据是否在电能表误差范围内。

（8）拆线。

1）拆光电采集器。

2）拆电压夹子（需逐相拆除）。

3）短接转接盒上连片。双手持螺钉旋具操作，缓慢推动连片的同时观察校验仪电流示数，若电流逐渐减小，方可压紧两端螺钉，若电流不变化，立即停止操作。

4）拆除电流线。拆除 I_A 电流线，先拆电流进线，再拆电流出线，其他以此类推。

（9）清理现场，结束工作票。

以上介绍的检验方法中，现场校验仪电流回路是采用直接接入方式串入电能计量装置二次回路的方法。电流回路也可以采用电流钳（钳表）为现场校验仪的电流输入组件。但在现场检验 0.5 级及以上精度电能表时，现场校验仪电流回路应采用直接接入方式串入电能计量装置二次回路，避免电流钳自身的误差影响检验结果。

二、操作使用注意事项

（1）不能将脉冲线的夹子夹到电能表的电压端子，否则会损坏仪器。

（2）不能将电压端子线插到电流端子口上，否则会损坏仪器。

（3）不能将电流端子线插到电压端子口上，否则会损坏仪器。

（4）正确选择工作电源（注意：电源范围为 57.7～580V）。

（5）正确选择电流量程，电流量程一般不要超过额定值的 220%。

（6）三相三线测量时 B 相电压必须接到仪器电压端子的公共端 COM。

（7）三相三线测量时，仪器 B 相电压、电流不要接入任何接线，以免影响测量准确性。

（8）每只钳表分正负端，"＋"端表示电流进，"－"端表示电流出，不得接错。

（9）钳表颜色代表相别，黄代表 A 相、绿代表 B 相、红代表 C 相。

（10）不同相的钳表不要互换使用，否则会影响测量精度。

（11）由于仪器内置有电池供电和适配器供电，在校验台上使用仪器时，请选择仪器的电池或适配器供电，以免影响校验误差的准确度。

任务六　电能表信息与状态识读

【教学目标】

要求学员掌握电子式多功能表信息识读，学会读取表计信息、异常信息等。

【任务描述】

本任务通过识读三相智能表信息，了解其各个功能键的内容和作用。

【任务实施】

通过讲述电能表常规及异常信息识读内容，引导学员掌握电能表各种信息识读。

【相关知识】

一、液晶显示说明

1. 当前运行象限指示（见图 2-25）

用坐标箭头表示当前有功、无功功率（潮流）方向。

图 2-25　当前运行象限指示

（1）P 箭头向右表示输入有功（即吸收电网有功电能），P 箭头向左表示输出有功（向电网送有功电能）；Q 箭头向上表示输入无功（即吸收电网无功电能），Q 箭头向下表示输出无功（向电网送无功电能）。

（2）P 坐标轴和 Q 坐标轴将坐标圆分成了四个象限，分别为Ⅰ、Ⅱ、Ⅲ、Ⅳ象限。这四个象限在正常时只显示一个。

2. 汉字字符指示（见图 2-26）

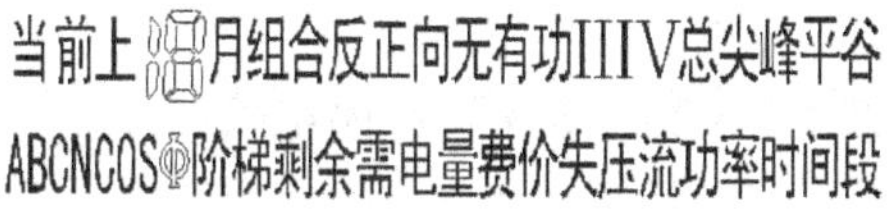

当前上 月组合反正向无有功ⅢⅣ总尖峰平谷
ABCNCOSΦ阶梯剩余需电量费价失压流功率时间段

图 2-26　汉字字符指示

图 2-26 可指示如下内容：

（1）当前、上 1 月～上 12 月的正反向有功电量，组合有功或无功电量，Ⅰ、Ⅱ、Ⅲ、Ⅳ象限无功电量，最大需量，最大需量发生时间。

（2）时间、时段。

（3）分相电压、电流、功率、功率因数。

（4）失压、失流事件记录。

（5）阶梯电价、电量 1234。

（6）剩余电量（费），尖、峰、平、谷、电价。

二、信息读取

1. IC 卡信息读取（只对 IC 卡有此内容）（见图 2-27）

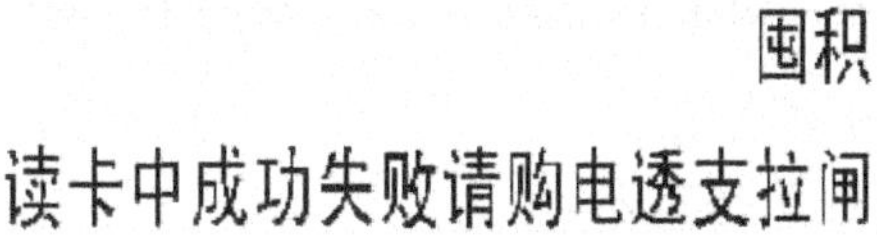

囤积

读卡中成功失败请购电透支拉闸

图 2-27　IC 卡信息读取

（1）IC 卡"读卡中"提示符。

（2）IC 卡读卡"成功"提示符。

（3）IC 卡读卡"失败"提示符。

（4）"请购电"剩余金额偏低时闪烁。

（5）透支状态指示。

（6）继电器拉闸状态指示。

（7）IC卡金额超过最大费控金额时的状态指示（囤积）。

2. 阶梯电价信息读取（见图2-28）

指示当前运行第"1、2、3、4"阶梯电价。

3. 其他显示符号的指示（见图2-29）

图2-28　阶梯电价信息读取　　　　图2-29　其他显示符号的指示

图2-29从左向右依次指示为：

（1）代表第1、2套时段。

（2）时钟电池欠压指示。

（3）停电抄表电池欠压指示。

（4）无线通信在线及信号强弱指示。

（5）载波通信。

（6）红外通信，如果同时显示"1"表示第1路485通信，显示"2"表示第2路485通信。

（7）允许编程状态指示。

（8）三次密码验证错误指示。

（9）实验室状态。

（10）报警指示。

4. 异常信息

对接入电压、电流量值的采样分析，表计自动检测采样参数的技术关系，当关系不能满足正常运行范围时，表计程序会在读表界面提示信息。

（1）失压、断压信息。按照 DL/T 566—1995《电压失压计时器技术条件》的规定，失压故障判定的启动电压应为电能表参比电压的 78%±2V。当电压恢复时的返回电压为参比电压的 85%±2V 时，"计时器"应停止计时。该值可通过多功能电能表后台程序设置，如图 2-30 所示。

$$Ua\ Ub\ Uc\ 逆相序 - Ia - Ib - Ic$$

图 2-30　失压、断压信息

三相实时电压状态指示，Ua、Ub、Uc 分别对于 A、B、C 相电压。电能表某相失压时，该相对应的字符"Ua"、"Ub"、"Uc"闪烁；某相电压趋于零（断相）时则不显示，该符号消失。

（2）失流、断流信息。三相实时电流状态指示，Ia、Ib、Ic 分别对于 A、B、C 相电流。某相失流时，该相对应的字符"Ia"、"Ib"、"Ic"闪烁；某相电流小于启动电流（断流）时则不显示。某相功率反相时，显示该相对应符号前的"–"，即"–Ia–Ib–Ic"。

（3）相序错误信息。电压电流逆相序时，"逆相序"亮或闪烁。

（4）报警信息。表示当前电能表处于异常状态工作或事件记录中存在异常信息，出现"Errl"字样，报警"指示灯"符号闪烁。具体报警代码如下：

1）事件异常报警代码。此类异常一旦发生，需要在循环显示的第一屏插入显示该异常代码。自检报警代码所示故障见表 2-3。

表 2-3　　　　　　　　　　自检报警代码所示故障

异常名称	异常类型	异常代码	备　注
过载	事件类异常	Err－51	
电流严重不平衡	事件类异常	Err－52	
过压	事件类异常	Err－53	
功率因数超限		Err－54	

续表

异常名称	异常类型	异常代码	备　注
超有功需量报警事件	事件类异常	Err—55	
有功电能方向改变（双相计量除外）	事件类异常	Err—56	

2）电表故障代码。此类异常一旦发生，需要将循环显示功能暂停，液晶屏固定显示该异常代码，但按键显示可以改变当前代码，来显示其他选项。出错代码所示故障见表 2-4。

表 2-4　　　　　　　　　　　出错代码所示故障

异常名称	异常类型	异常代码	备　注
控制回路错误	电表故障	Err—01	
ESAM 错误	电表故障	Err—02	
内卡初始化错误	电表故障	Err—03	
时钟电池电压低	电表故障	Err—04	
存储器故障或损坏	电表故障	Err—06	
时钟故障	电表故障	Err—07	

3）电池低电压报警。若电能表液晶屏上显示🔋符号，说明时钟电池欠压。若电能表液晶屏上显示🔋符号，说明停电抄表电池欠压。

任务七　检验结果数据修约（化整）

【教学目标】

要求学员掌握电能表现场校准结果数据处理方法。掌握电能表检定、校准结果修约（化整）间距的具体规定，学会测量数据的修约。

【任务描述】

本任务主要讲述电能表现场校验结果数据处理方法。

【任务实施】

通过在某一负载功率下对被检电能表现场重复测定 N 次所得的误差平均值，引导学员将测量的误差值依据 JJF 1055—1997《交流电能表现场校准技术规范》校准结果中相对误差化整间距的规定和测量数据的修约规则进行处理。

【相关知识】

一、电能表检定、校准结果修约（化整）间距

按照表 2-5 的规定，电能表相对误差的末位数应化整为化整间距的整数倍。

表 2-5   相对误差的化整间距

被检电能表准确度等级	0.1	0.2	0.5	1	2
化整间距	0.01	0.02	0.05	0.1	0.2

说明：判断电能表的误差是否超差，一律以化整后的结果为准。

二、测量数据修约（化整）方法

1. 数据修约规则

保留位右边的数字对保留位的数字 1 来说，若大于 0.5，保留位加 1；若小于 0.5，保留位不变；若等于 0.5，保留位是偶数（0，2，4，6，8）时不变，是奇数（1，3，5，7，9）时加 1。

2. 数据化整的通用方法

将测得的各次相对误差平均值，除以修约间距数，所得之商按数据修约规则修约，修约后的数据乘以修约间距数，所得乘积即为最终结果。

三、具体修约方法

1. 1 级电能表相对误差修约方法

1 级电能表相对误差修约的间距为 0.1，表明相对误差只保留到小数点后第 1 位，多余的位数按数据修约规则处理。

0.7501→0.8	0.4599→0.5
0.0501→0.1	0.6499→0.6
0.3286→0.3	0.0499→0.0
0.3500→0.4	1.050→1.0

2. 0.5 级电能表相对误差修约方法

0.5 级电能表相对误差修约的间距为 0.05，表明相对误差只保留到小数点后第 2 位且为 5 的整数倍（0 或 5）。

$0.525 \div 5 = 0.105 \rightarrow 0.10 \times 5 = 0.50$

$0.52501 \div 5 = 0.105002 \rightarrow 0.11 \times 5 = 0.55$

$0.5749 \div 5 = 0.11498 \rightarrow 0.11 \times 5 = 0.55$

$0.3750 \div 5 = 0.0750 \rightarrow 0.08 \times 5 = 0.40$

$0.1789 \div 5 = 0.03578 \rightarrow 0.04 \times 5 = 0.20$

总结上述方法，还可以理解为以保留位作为其十位数，其新形成的数据：

（1）若小于或等于 25，保留位变为 0。

（2）若大于 25 而小于 75，保留位变为 5。

（3）若等于或大于 75，保留位变为 0，而保留位左边的数字加 1。

3. 2 级电能表相对误差修约方法

2 级电能表相对误差修约的间距为 0.2，表明相对误差只保留到小数点后第 1 位且为 2 的整数倍（0，2，4，6，8）。

$2.101 \div 2 = 1.0505 \rightarrow 1.1 \times 2 = 2.2$

$3.799 \div 2 = 1.8995 \rightarrow 1.9 \times 2 = 3.8$

电
能
表
现
场
检
验

0.300÷2 =0.150→0.2×2=0.4

2.100÷2 =1.050→1.0×2=2.0

0.499÷2 =0.2495→0.2×2=0.4

1.400÷2 =0.700→0.7×2=1.4

总结上述方法，还可以理解为：

（1）若保留位右边不为 0，保留位是奇数时加 1，保留位是偶数时不变。

（2）若保留位右边全为 0，保留位是偶数时不变；保留位是奇数时，将此奇数与其左边的那位数组成的两位数（不计小数点），变为与这两位数最接近的数且为 4 的整数倍，如 1.7→1.6，2.1→2.0，0.7→0.8，0.3→0.4，0.1→0.0。

任务八　仿真实训与考核测评

一、考核评分标准

为了解学员对电能表现场检验的掌握程度，本项目在最后阶段安排此项目的仿真实训测评，为做到考核的规范性、公平性，表 2-6 给出了相应的考核评分标准，详细指出了电能表检验操作每一步的评分权重及其扣分点。

表 2-6　　　　　　　　电能表现场检验仿真考核评分标准

编号：_____　　姓名：_____　　班级_____　　抽签题号：_____

考核方式	实际操作	分值	100 分
需说明的问题	（1）考试时限一般为 30 分钟内，不超过 50 分钟。在 30 分钟内完成测试且做题正确的，80 分以上；在 20 分钟以内完成测试且做题正确的，95 分以上。 （2）电压互感器二次不能短路，电流互感器二次不能开路，一旦因操作导致上述问题而报警的，重新补考。 （3）电能表现场检验记录中"其他项目检查"通常不作要求		

续表

序号	项目	质量要求	满分	扣分标准	备注
一	工作准备	（1）着全身工作服，穿绝缘胶鞋，戴手套、安全帽。 （2）工器具及纸笔准备齐全	5	（1）带电作业时未戴手套者扣3分。 （2）未穿着全身工作服、绝缘胶鞋每一项扣1分。 （3）工器具每借用一件扣1分	
二	安全措施	操作前进行三步式验电检查	5	（1）未进行三步式验电的扣5分。 （2）三步式验电缺任一步骤扣2分	
三	环境条件	按国家计量检定规程JJF1055—1997《交流电能表现场校准技术规范》的要求检查温湿度是否合格，并做好记录	2	不检查室内温度、湿度扣1分 温湿度不记录或记录错误扣1分	
四	现场检验记录填写	（1）正确填写现场检验记录。 （2）不允许涂改。 （3）按规定使用记录笔	3	（1）检验记录每缺一项扣1分。 （2）涂改每处扣1分。 （3）未按规定使用记录笔扣2分	
五	现场校验	1．校验前准备项目 （1）开始校验操作前，正确检查现场校验仪及其连接试验线通断。 （2）依据回路端子标识及相色识别判断回路接线情况。 （3）正确使用测量仪表。 （4）正确选择测试点	15	（1）开始校验操作前，未检查现场校验仪及其连接试验线通断的扣5分。 （2）未依据回路端子标识及相色识别判断回路接线情况的扣2分。 （3）使用测量仪表不正确的每发现一次扣1分。 （4）选择测试点不正确的扣2分	
		2．接线 将现场校验仪正确接入被测电压、电流二次回路	20	（1）未开仪器电源接入二次回路扣3分。 （2）每个电流接线端子压紧螺钉未全部压紧或电压鳄鱼夹子未夹牢，发现一处扣2分。 （3）电压、电流试验线接错每项扣10分。 （4）联合试验接线端子接入现场校验仪试验线时，电流连片未打开每处扣3分	

续表

序号	项目	质 量 要 求	满分	扣 分 标 准	备 注
五	现场校验	3．基本误差测试 （1）按照规程数据测试项目要求进行误差测试。 （2）正确设置校验仪参数。 （3）正确进行测试数据处理。 （4）正确填写试验记录	20	（1）校验仪参数设置不正确，每发现一处，扣1分。 （2）联合试验接线端子接入现场校验仪试验线时。 （3）数据测试项目每漏一项，扣2分。 （4）测试数据处理不正确，每处扣2分。 （5）记录填写不完整或错误，每项扣2分。 （6）记录删改未按要求处理，每处扣1分	电能表现场检验
		4．试验结束 将现场校验仪正确退出被测电压、电流二次回路	15	（1）将现场校验仪试验线从联合试验接线端子取下时，电流连片未短接每处扣3分。 （2）未关闭校验仪电源的，扣1分。 （3）仿真试验装置报警，取消考试资格	
六	清理现场	（1）校验结束后，试验接线盒及表尾加封。 （2）清理现场，收拾工器具、仪表，恢复原状。 （3）将记录上交考官，并要求考官停表，退出场地	5	（1）试验接线盒及表尾未加封，每少一个扣2分。 （2）现场清理不彻底，少收、漏收每件工具用品及测试线扣2分	
七	安全违章及考场纪律	（1）电压互感器不能短路。 （2）电流互感器不能开路。 （3）考试中遵守有关安全规定，保证人身、设备安全。	10	（1）电压短路一次，重新补考。 （2）电流互感器开路一次，重新补考。 （3）学员不得伪造记录，一经发现，该测定项不得分。 （4）操作中工器具、盒盖等每掉落1次扣1分，使用不当扣1分。 （5）触及指定操作装置以外的设备扣5分。 （6）因操作不慎造成设备损坏者扣10分。	

续表

序号	项目	质 量 要 求	满分	扣 分 标 准	备 注
七	安全违章及考场纪律	（4）考试结束后，选手应及时向考官报告		（7）不服从裁决，不听指挥，可提出警告，不听警告者，可取消考试资格。 （8）扰乱考场秩序者，可提出警告，严重者可取消考试资格	
八	操作时间	操作及答题时间一般以30分钟为限		起始时间： 结束时间： 用时：	
九	最后得分				

阅卷教师签字：_____ 　　　　　　　　_____年___月___日

二、电能表现场检验记录的填写

在电能表现场检验完毕之后，应如实、规范地将检验数据填入检验记录里，见表2-7。由表可知，检验记录共分为五部分，分别是厂站（客户）名称环境的填写、被检表规格参数的填写、各项检验测试数据的填写、检验所用标准的填写以及其他项目的填写，填写过程中应保持内容的完整性与格式的规范性。最后，还应填写检验人、核验人的名字以及检验日期。

表2-7　　　　　　　　　　　**电能表现场检验记录**

厂站（客户）	名称：		计量点：		
			TV 变比：		TA 变比：
	地址：		环境温度：		环境湿度：
被检表	型号：		生产厂家：		
	出厂编号：		接线方式：　三相　　　线		
	电压、电流规格：		封印编号：		
	准确度等级	有功	常数	有功	
		无功		无功	
	有功正总示数：	有功反总示数：	无功正总示数：		无功反总示数：
	合格证检定日期：　年　月　日		合格证有效日期：　年　月　日		

续表

测试数据	电压：　$U=$　V；　$U=$　V；　$U=$　V			功率因数：
	电流：　$I_u=$　A；　$I_v=$　A；　$I_w=$　A			相序：
	相位（°）：			
	电能 误差测定 （%）	参数	有功	无功
		第1次		
		第2次		
		平均值		
		化整值		
使用标准	型号：		生产厂家：	
	准确度等级：		出厂编号：	
	高频脉冲常数（imp/kWh）：		预置被检表脉冲数（imp）：	
	合格证有效期　　　　年　　月　　日　至　　年　　月　　日			
其他项目 检查	检查项目	检查结果	备　　注	
	日历时钟			
	电池状态			
	失压记录			
	总电量与分时电量			
	费率时段			
	访问权限			
	负荷曲线			
	寄存器设置			
	其他			
检验：		核验：	检验日期：　　年　　月　　日	

注　1. 检验记录的填写应完整，若有不填项，应在相应位置用斜线表示。

2. 填写过程中，不得随便涂改。

附录 A 三角函数公式

一、诱导公式

$\sin(-\alpha)=-\sin\alpha$、$\cos(-\alpha)=\cos\alpha$、$\tan(-\alpha)=-\tan\alpha$

$\sin(\pi/2-\alpha)=\cos\alpha$、$\cos(\pi/2-\alpha)=\sin\alpha$、$\sin(\pi/2+\alpha)=\cos\alpha$

$\cos(\pi/2+\alpha)=-\sin\alpha$、$\sin(\pi-\alpha)=\sin\alpha$、$\cos(\pi-\alpha)=-\cos\alpha$

$\sin(\pi+\alpha)=-\sin\alpha$、$\cos(\pi+\alpha)=-\cos\alpha$、$\tan2=\sin2/\cos2$

$\tan(\pi/2+\alpha)=-\cot\alpha$、$\tan(\pi/2-\alpha)=\cot\alpha$、$\tan(\pi-\alpha)=-\tan\alpha$

$\tan(\pi+\alpha)=\tan\alpha$

诱导公式记背诀窍：奇变偶不变，符号看象限。

二、两角和公式

$\cos(\alpha+\beta)=\cos\alpha\cos\beta-\sin\alpha\sin\beta$

$\cos(\alpha-\beta)=\cos\alpha\cos\beta+\sin\alpha\sin\beta$

$\sin(\alpha+\beta)=\sin\alpha\cos\beta+\cos\alpha\sin\beta$

$\sin(\alpha-\beta)=\sin\alpha\cos\beta-\cos\alpha\sin\beta$

附录 B 接线盒简介

接线盒又称为联合试验接线盒，它采用通用的标准制式，现场使用方便、直观、可靠，便于进行现场的电能表检验与更换。下面对接线盒进行简单介绍。

一、接线盒的结构

以三相四线接线盒为例进行介绍。接线盒的外部正面结构如图 B-1 所示，其内部反面结构如图 B-2 所示。

图 B-1　接线盒的外部正面结构

图 B-2　接线盒的内部反面结构

其中，通过纵相上下连接片连接的，属于电压部分，共有 4 组；通过两个横相连接片连接的，属于电流部分，共有 3 组。

图 B-3 所示为电压、电流端子连接片的连接与断开实际状态。

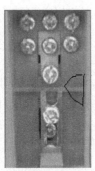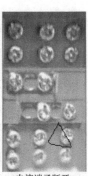

电压端子连接　　　　电压端子断开　　　　　　电流端子连接　　　　电流端子断开

图 B-3　接线盒的电压、电流端子连接片的连接与断开实际状态

由图 B-3 可知，每一组的电压端子是通过中间连接片的断开与否，实现上部与下部电压的断开与导通的；而每一组的电流端子中，其纵相各自是一体的，它通过两个横相间连接片的断开与否，实现横相间电流的断开与导通。

二、接线盒的工作原理

下面仍以三相四线接线盒为例，介绍接线盒在现场校表和现场换表的原理。

正常计量时，电能表计量单元的电压部分与接线盒的电压端子连接，电流部分与接线盒的电流端子连接，如图 B-4 所示（另两相与其相同，省略）。

1. 现场校表时

现场校表时一般均采用标准表法，即外接一只标准表，给其加上与被检表相同的电压与电流，通过双方输出的脉冲比较，对被检表进行误差测试。

以三相四线电能表其中一相的计量元件（另两相与其相同）为例，介绍联合接线盒的工作原理：具体操作如图 **B-5** 所示，被检表接线不变，将标准表对应相的电压元件并联接于被检验电能表的电压元件两侧（因电压接线较为简单，图中不再赘述）；将标准表对应相的电流元件进行接线；最后，将该相电流接线端子上方的连接片 **S** 拨到右边，从而实现标准表电流元件与被检表电流元件的串联，完成校表的接线操作，如图 **B-6** 所示。

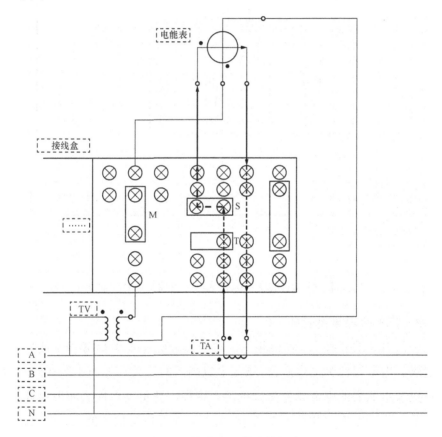

图 B-4　接线盒正常计量状态

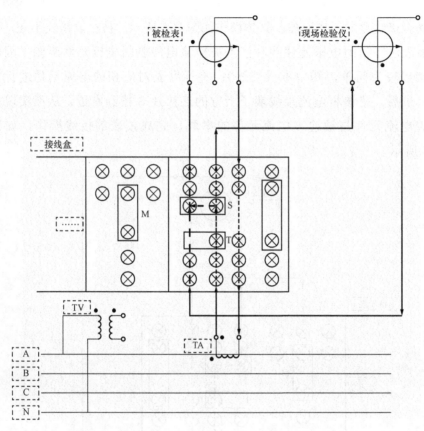

图 B-5　接线盒的现场检验状态（连接片 S 断开前）

2. 带负荷现场换表时

在图 B-4 的基础上，将该相电压端子的电压连接片 M 断开，使待更换电能表的电压元件失去电压；将该相电流端子的连接片 S 和 T 均拨到右边，使待更换电能表的电流元件失去电流。这样，待更换电能表即退出计量状态（无电压、电流），如图 B-7 所示，随后，撤掉待更换电能表，换上新表，将其电压、电流元件按计量状态接线后，逆相操作上述的流程，即完成带负荷换表的操作。

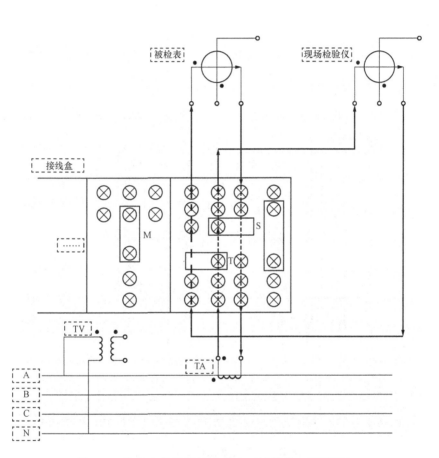

图 B-6 接线盒的现场检验状态（连接片 S 断开后）

电能计量装置接线检查与电能表现场检验

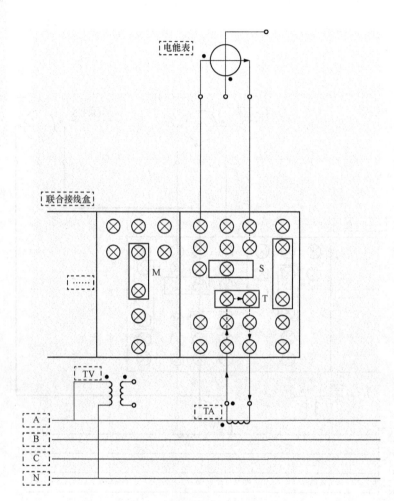

图 B-7　接线盒在换表时的状态

参 考 文 献

[1] 孟凡利. 运行中电能计量装置错误接线检测与分析. 北京：中国电力出版社，2006.

[2] 王月志. 电能计量. 北京：中国电力出版社，2007.

[3] 陈向群. 电能计量技能考核培训教材. 北京：中国电力出版社，2003.

[4] 黄伟. 电能计量技术. 北京：中国电力出版社，2004.